Victoria Andrea Ortega Morgado

Contaminación del río Tula y su impacto en comunidades indígenas

Victoria Andrea Ortega Morgado

Contaminación del río Tula y su impacto en comunidades indígenas

otomíes del Estado de Hidalgo, México. Evaluación de Riesgo Ambiental

Editorial Académica Española

Imprint

Any brand names and product names mentioned in this book are subject to trademark, brand or patent protection and are trademarks or registered trademarks of their respective holders. The use of brand names, product names, common names, trade names, product descriptions etc. even without a particular marking in this work is in no way to be construed to mean that such names may be regarded as unrestricted in respect of trademark and brand protection legislation and could thus be used by anyone.

Cover image: www.ingimage.com

Publisher:
Editorial Académica Española
is a trademark of
International Book Market Service Ltd., member of OmniScriptum Publishing Group
17 Meldrum Street, Beau Bassin 71504, Mauritius
Printed at: see last page
ISBN: 978-620-0-42349-8

DATOS DEL JURADO

1. Datos del alumno:
   Ortega
   Morgado
   Victoria Andrea
   (55) 21901026
   Universidad Nacional Autónoma de México
   Facultad de Ciencias
   Ciencias de la Tierra
   310209230

2. Datos del tutor
   Dr. Marcelo
   Rojas
   Oropeza

3. Sinodal 1:
   Dra. Teresa
   Álvarez
   Legorreta

4. Sinodal 2:
   Dr. Rafael
   Camacho
   Carranza

5. Sinodal 3:
   Dr. Jorge Humberto
   Limón
   Pacheco

6. Sinodal 4:
   Dr. Javier
   Carmona
   Jiménez

7. Datos del trabajo escrito:
   Evaluación del riesgo ambiental en distintos cuerpos de agua mediante bioensayos en embriones de pez cebra, caso de estudio: comunidad Hñähñú "El Alberto", Ixmiquilpan-Hidalgo.
   119 p
   2017

Con el despertar de una conciencia de solidaridad podría surgir una humanidad que lentamente comenzara a entenderse como humanidad, es decir, a entender, que está recíprocamente vinculada tanto en lo que respecta a su florecimiento como a su decadencia y que tiene que solucionar el problema de su vida sobre este planeta.

La esperanza de que nunca es demasiado tarde para la razón.

Gadamer

Dedico este proyecto a mi familia y seres queridos, que han confiado en mí durante este largo y hermoso camino llamado vida.

Agradecimientos Institucionales

A la Universidad Nacional Autónoma de México y a la Facultad de Ciencias, por permitirme desarrollarme como profesional en la licenciatura de Ciencias de la Tierra.

Al programa de Apoyo a Comunidades NAPECA (Alianza de América del Norte para la Acción Comunitaria Ambiental) por el financiamiento de este trabajo.

Al pueblo hñähñú "El Alberto", por dejarme trabajar dentro de su comunidad (autónoma) y acompañarme durante mis muestreos, por sus preguntas de aprendizaje mutuo e interés en este trabajo.

Al Dr. Marcelo Rojas Oropeza, asesor de esta tesis, por darme la posibilidad y confianza de incorporarme al Grupo de Ecología Microbiana Funcional del Suelo y Protección del Medio Ambiente, por su conocimiento, paciencia y todos los aprendizajes adquiridos para construir juntos este proyecto.

A la Dra. Nathalie Cabirol por su constante y continua ayuda en todo momento para lograr la culminación exitosa de este trabajo.

Al Acuario de la Facultad de Ciencias por el apoyo otorgado para hacer los diferentes experimentos, teniendo la asesoría del Mtro. Ignacio Andrés Morales Salas, gracias también, por compartir su experiencia y conocimiento en campo y laboratorio.

Al Mtro. Gabino de la Rosa Cruz del Laboratorio de Biología de la Reproducción por su ayuda en la identificación de las distintas especies de peces colectadas.

Al Dr. Javier Carmona Jiménez del Laboratorio de Ribera, por el conocimiento, tiempo y la instrucción en los diferentes análisis de agua de mis puntos de muestreo.

Al Mtro. José Luis Martínez Palacios del Instituto de Ingeniería por su apoyo y consejos otorgados durante los análisis de agua y planteamiento del proyecto.

Al Dr. Omar Arellano Aguilar por sus enseñanzas e instrucción para elaborar los bioensayos con embriones de pez cebra.

Al Dr. Jorge Limón Pacheco por todo el conocimiento brindado en Toxicología Ambiental y sus recomendaciones para mejorar los bioensayos.

Al Dr. Leonardo Osvaldo Alvarado Cárdenas por sus comentarios y sugerencias.

A los sinodales por sus valiosas aportaciones y correcciones para la mejora de mi proyecto de tesis.

Agradecimientos Personales

A mi maravillosa familia, mamá y papá, María Patricia Morgado Suárez y Jorge Jesús Ortega Higareda, gracias por todos los esfuerzos y grandes sacrificios que hicieron para que yo pudiera ser quien soy, son mi fortaleza y ejemplo a seguir, sin duda, la clara prueba que no hay obstáculo demasiado grande cuando se tiene la perseverancia y trabajo diario para cumplir tus metas y sueños.

A mi hermano Jorge de Jesús Ortega Morgado una persona admirable y exitosa, gracias por ser mi compañero de aventuras durante mi trayecto de vida, por ser el apoyo inquebrantable en los momentos más difíciles, gracias por confiar en mí, cuidarme y protegerme.

A Guillermo Hernández, gracias por ser mi amigo y haberme apoyado en todas mis locuras a lo largo de todos estos once años, siempre podrás contar conmigo.

A todos los chicos del taller y del Acuario que me ayudaron con los bioensayos de pez cebra, Fátima, Alejandra, Mauricio, Gina, Gabriela y los que me hagan falta, gracias por su tiempo. A Mariana y a Manuel por su apoyo durante las encuestas a la comunidad. A Ana Karen Del Valle Martínez por compartir el mundo de las plantas conmigo y completar la descripción de los sitios de estudio.

A mis amigos que incondicionalmente estuvieron ahí, siendo una mano en los momentos amargos y un impulso, Luis, Sebastián, Chuss, Antef, Fernanda, Edson, Fernando, Cinthia, Gessel, Jocelyn, Betanzo, Raúl y Yuliett.

A la Dra. Teresa Álvarez de ECOSUR Chetumal, Quintana Roo, por darme la oportunidad de realizar una estancia en su laboratorio de biotecnología y el conocimiento adquirido. A mis amigos Alonso, Alejandro y Karla.

A la Universitat de Barcelona, Catalunya por permitirme colaborar con magníficas personas y científicos, en especial al Dr. Francesc Sabater del Departamento de Ecología. A mis queridos amigos Marta, Laura y Raül que me enseñaron tanto y se convirtieron en mi pequeña familia estando tan lejos de casa, moltes gràcies.

A todos los profesores que contribuyeron y fueron un pilar en mi formación académica y me dejaron miles de conocimientos y aprendizajes.

A la UNAM y a mi país, México, por permitirme viajar por sus diversos ecosistemas, lugares y carreteras, pueblos, comunidades y diferentes culturas, donde realmente aprendí todo lo visto en aulas.

Resumen

Actualmente, la mayoría de los cuerpos de agua superficiales y subterráneos de México presenta algún grado de contaminación, como consecuencia de la mala gestión y manejo del recurso hídrico. Esto conlleva la formación de diferentes riesgos para las poblaciones humanas y el ambiente. Por lo tanto, es importante realizar evaluaciones para la toma adecuada de decisiones, garantizar la protección y conservación de los ecosistemas dulceacuícolas, así como la seguridad de la salud humana.

Para este estudio se realizó una evaluación del riesgo ambiental (ERA), en la comunidad hñähñú "El Alberto", en el Estado de Hidalgo, para estimar la relación que han tenido las descargas de aguas negras e industriales en el río Tula sobre los sistemas acuáticos, organismos y la población dentro de la región. La primera parte de la ERA, *identificación del peligro*, consistió en caracterizar la calidad del agua con base en los parámetros fisicoquímicos y biológicos obtenidos de los manantiales y el río Tula, para ambas épocas, estiaje y lluvias, además de la descripción de los cuerpos de agua, identificación de especies de peces como bioindicadores, especies de plantas y géneros de algas; en la segunda parte, *dosis respuesta*, se realizaron bioensayos con embriones de *Danio rerio,* para evaluar la toxicidad a través de la Concentración Letal media (CL_{50}) a diferentes concentraciones de las mezclas de agua de los sitios de estudio (manantiales y río); respecto a la *exposición*, se aplicaron encuestas y se consideraron aspectos de la dieta de la población como la frecuencia de consumo de peces, los cuales están expuestos a metales pesados y parásitos, que pueden representar un riesgo para la población, adicionalmente también se evaluó el Factor de Bioconcentración (FBC) y la Dosis de Exposición (DE). Finalmente, en la *caracterización del riesgo* se plantearon diferentes escenarios considerando la información obtenida y los antecedentes, para cuantificar el riesgo en los entornos natural, humano y socioeconómico.

Abstract

Currently, most of Mexico's surface and underground water have some degree of contamination due to poor management and water resource management. This entails the formation of different risks for human populations and the environment. It is important to make assessments for appropriate decision-making, ensure the protection and conservation of freshwater ecosystems as well as the safety of human health.

In this study, an environmental risk assessment (ERA) was carried out in the "El Alberto" hñähñú community in the State of Hidalgo to evaluate the relationship of residual water and industrial wastewater discharges to the Tula river over aquatic organisms, organisms and the population within the region. The first part of the ERA, *hazard identification*, was to characterize the water quality based on the physicochemical and biological parameters of the springs and the Tula river, for both seasons, dryness and rainfall, as well as the description of water bodies, identification of fish species as bioindicators, plant species and algae genera; the second part, *dose response*, bioassays were performed with *Danio rerio* embryos, to evaluate the toxicity through the Mean Lethal Concentration (LC_{50}) at different concentrations of the water mixtures of the study sites (springs and river); in the exposure part, surveys were applied and aspects of the diet of the population were considered as the frequency of consumption of fish, which are exposed to heavy metals and parasites, which may represent a risk for the population, additionally, it is also calculated the Bioconcentration Factor (BCF) and Exposure Dose (ED). Finally, *risk characterization*, presented different scenarios considering the information obtained and the background to measure the risk in the natural, human and socioeconomic environments.

Índice general

Índice de Figuras

Índice de Tablas

Capítulo 1

INTRODUCCIÓN

El nacimiento del río Tula inicia en el cerro de San Pablo, Sierra de la Catedral, Hidalgo siendo un parteaguas entre el río Pánuco y Lerma (SARH, 1980), su destino final es el Golfo de México en Tampico, Tamaulipas. El río recibe la mayor descarga de aguas residuales municipales del país, por ser el receptor de aguas residuales crudas de la Ciudad de México y área metropolitana, con un aporte mínimo de 23 m^3/s (CONAGUA, 2010). Además durante toda su trayectoria se ve impactado por descargas municipales, agrícolas e industriales conducidas a cielo abierto. El agua del río Tula y la continuación de su cauce contiene metales pesados que rebasan los criterios establecidos en las Normas Oficiales Mexicanas (NOM), ya sea por aporte directo en las descargas, o por interacción con el suelo (Ongley, Sherman, Armienta, Concilio, & Ferguson Salinas, 2006). Asimismo incluye contaminantes emergentes, lo cual ocasiona que el río sea clasificado de contaminado a fuertemente contaminado, afectando directamente a las poblaciones cercanas, ambientes acuáticos y su biota (Gibson, Durán-Álvarez, León Estrada, Chávez, & Jiménez Cisneros, 2010).

La comunidad Hñähñú (otomí), "El Alberto", se encuentra ubicada en el Valle del Mezquital en el transitar del sinuoso río Tula. Su cauce sirve para alimentar los sitios de irrigación de las comunidades vecinas y "El Alberto", sin embargo, el río está contaminado con el agua residual no tratada proveniente de la Ciudad de México, por medio del Gran Canal, el Interceptor Poniente y el Emisor Central, la cual se interconecta con el río Tula, permitiendo la infiltración y recarga directa en los acuíferos (Lesser-Carrillo, Lesser-Illades, Arellano-Islas, & González-Posadas, 2011). Dentro de la comunidad esta problemática se relaciona con los diferentes usos que se le da al recurso hídrico, pues es aprovechado principalmente para actividades agrícolas y piscícolas, mientras que algunos manantiales son utilizados para actividades recreativas y producción de peces.

Dada la problemática anterior descrita, para el presente trabajo se decidió realizar una evaluación del riesgo ambiental (ERA), enfocada en la comunidad "El Alberto". Se generó una estimación cuantitativa y cualitativa del riesgo, determinado por las continuas descargas de industrias y municipios al sistema hídrico, las cuales pueden ocasionar daños potenciales al ambiente, a los receptores ecológicos y a la población. Esta evaluación consiste en los siguientes pasos: 1) formulación del problema, 2) evaluación de la exposición y efectos, 3) caracterización del riesgo y 4) manejo del riesgo (Jorgensen, 2010).

Para poder desarrollar la ERA, se utilizaron bioensayos que son herramientas biológicas que nos permiten evaluar la exposición y efectos a una sustancia determinada, permitiendo detectar daños potenciales en el ambiente. En este estudio, se utilizaron embriones de pez cebra (*Danio rerio*), los cuales, se han sugerido como modelos que pueden ayudar a desarrollar estrategias de control y medidas de precaución (Damiá & Peter-Diedrich, 2009).

Capítulo 2

ANTECEDENTES

2.1 Contaminación del recurso hídrico en el Estado de Hidalgo

En el año 1995 llegaba a Tula, Hidalgo un gasto promedio de 52 m^3/s de aguas negras provenientes de la Ciudad de México, para ambas épocas (estiaje y lluvias), la calidad del agua era mala, con base en los parámetros de demanda bioquímica de oxígeno a cinco días (DBO_5), demanda química de oxígeno (DQO) y concentración de sólidos suspendidos totales (SST) (Jimenez Cisneros, Siebe Grabach, & Cifuentes García, 2004). En el año 2013, Ontiveros-Capurata et al., realizaron la evaluación de aguas residuales mediante los parámetros fisicoquímicos: turbidez, pH, conductividad eléctrica (CE), sólidos totales disueltos (STD), sólidos totales (ST), sólidos totales volátiles (STV), sólidos totales fijos (STF) y cationes y aniones disueltos suspendidos, provenientes de la Ciudad de México del Gran Canal de Desagüe, Túnel Emisor Central y río El Salto, que posteriormente se incorporan al Valle del Mezquital y el río Tula, mediante los distritos de riego. Los resultados obtenidos demostraron que el uso de estas aguas no es recomendable para riego, debido a que no cumplen los límites permisibles establecidos, siendo necesario que reciban un tratamiento previo.

Para el año 2003, Cabrera Cruz, Gordillo Martínez y Cerón Beltrán, reportaron el uso de la técnica de Evaluación Rápida de Fuentes de Contaminación Ambiental (ERFCA) de Weitzenfeld, 1989, para agua, suelo y aire en catorce municipios del Estado de Hidalgo. Estos municipios ubicados antes de la comunidad "El Alberto", municipio de Ixmiquilpan, son de relevancia para este estudio, porque están comunicados con la región mediante el río Tula y la presa Endhó, que se suman a las descargas que provienen de la Ciudad de México y zona metropolitana. Asimismo, provee información de las industrias, manufactureras y contaminación doméstica emitida. En la Tabla 1 se muestran las categorías para las manufactureras e industrias, en la Tabla 2 y Tabla 3 las descargas emitidas por municipio de manufactureras y de origen doméstico.

Tabla 1. Divisiones de la actividad manufacturera en el Estado de Hidalgo

Clave	Título de la Categoría
31	Manufactura de alimentos, bebidas y tabaco
32	Manufactura de textiles, artículos de vestir e industria del cuero
33	Manufactura de madera, productos de madera, incluyendo muebles
34	Manufactura de papel, productos de papel, imprenta y publicaciones
35	Manufactura de químicos, petróleo, carbón, caucho y productos plásticos
36	Manufactura de productos minerales no metálicos, excepto productos del petróleo y carbón
37	Industria metálica básica
38	Manufactura de productos fabricados de maquinaria y equipo
39	Otras industrias manufactureras

Recuperado de Weitzenfeld (1989)

Tabla 2. Contaminación de origen industrial emitida al agua por municipio en el año 2003.

Municipio	Volumen de desecho (10^3 m³/año)	DBO$_5$ (ton/año)	DQO (ton/año)	SS (ton/año)	N (ton/año)	P (ton/año)	Total (ton/año)
Pachuca de Soto	1,891.601	461.064	1,238.233	269.561	4.848	0.270	3,865.58
Mineral de Reforma	97.793	58.026	86.090	60.779	5.006	0.000	307.69
Tulancingo de Bravo	5,369.982	4,217.279	9,537.380	2,295.77	0.000	0.062	21,420.47
Cuautepec de Hinojosa	0.000	0.000	0.000	0.000	0.000	0.000	0.000
Santiago de Tulantepec de Lugo Guerrero	1,005. 790	622.078	2,142.460	381.268	0.000	0.001	4,151.60
Tepeji del Río	654.460	192.060	691.290	106.910	0.000	0.144	1,644.86
Tula de Allende	153.540	1.621	6.878	0.697	0.000	0.002	162.74
Tlaxcoapan	15,438.901	354.037	2,505.353	32,132.17	18.023	0.005	50,448.49
Atitalaquia	48.750	6.240	48.000	28.800	0.000	0.000	131.79
Actopan	2.496	4.272	12.384	6.624	0.720	0.000	26.50
Tepeapulco	2,609.273	691.075	2,937.562	315.769	0.000	0.716	6,554.40
Apan	108.440	4.632	19.682	1.992	0.000	0.005	134.75
Tizayuca	1,355.071	578.066	532.224	532.224	0.000	0.373	2,997.96
Villa de Tezontepec	8,730.476	5.018	2.266	2.266	0.000	0.010	8,740.04
Total	37,466.573	7,195.453	36,134.84	36,134.84	28.597	10588	127,548.3

Recuperado de Cabrera Cruz et al. (2003)

Tabla 3. Contaminación de origen doméstico, emitida al agua, por municipio en el año 2003.

Municipio	Volumen de desecho (10^3 m³/año)	DBO$_5$ (ton/año)	DQO (ton/año)	SS (ton/año)	N (ton/año)	P (ton/año)	Total (ton/año)
Pachuca de Soto	13,578.00	3,664.20	8,184.00	3,720.00	613.80	74.40	16,256.4
Mineral de Reforma	1,533.00	413.70	924.00	420.00	69.30	8.40	1,835.40
Tulancingo de Bravo	6,132.00	1,654.80	3,696.00	1,680.00	277.20	33.60	7,341.60
Cuautepec de Hinojosa	2,263.00	610.70	1,364.00	620.00	102.30	12.40	2,709.40
Santiago de Tulantepec de Lugo Guerrero	1,168.00	315.20	704.00	320.00	52.80	6.40	1,398.40
Tepeji del Río	2,701.00	728.90	1,628.00	740.00	122.10	14080	3,233.80
Tula de Allende	3,504.00	945.60	2,112.00	960.00	158.4	19.20	4,195.20
Tlaxcoapan	1,460.00	394.00	880.00	400.00	66.00	8.00	1,748.00
Atitalaquia	1,905.00	295.50	660.00	300.00	49.50	6.00	1.311.00
Actopan	2,117.00	571.30	1,276.00	580.00	95.70	11.60	2,534.60
Tepeapulco	2,847.00	768.30	1,716.00	780.00	128.70	15.60	3,408.60
Apan	1,898.00	512.20	1,114.00	520.00	85.80	10.40	2,272.40
Tizayuca	2,044.00	551.60	1,232.00	560.00	92.40	11.20	2,447.20
Villa de Tezontepec	511.00	137.90	308.00	140.00	23.10	2.80	611.80
Total	42,851.00	11,563.9	28,828.00	11,740.00	1,937.00	234.80	51,303.80

Recuperado de Cabrera Cruz et al. (2003)

Para el sector manufacturero se reportó un volumen de agua de desecho de 37,467 10^3 m³/año y para el sector doméstico el total de efluentes es de 42,851 10^3 m³/año y un total de contaminantes emitidos de 51,304 ton/año. Para el sector doméstico se consideraron desechos normales de una casa habitación descargados al alcantarillado y los desechos de fábricas pequeñas y talleres que son difíciles de identificar. La mayoría de estos efluentes se descargan sin ningún control a la red de drenaje municipal, considerando también que a este nivel no se cuenta con una red de plantas de tratamiento, lo cual disminuye su calidad para usos como suministro de agua potable, riego agrícola o piscicultura (Cabrera Cruz et al. 2003).

Por otra parte, la presa Endhó, que se conecta con el río Tula, es una de las más grandes del Estado de Hidalgo, y recibe las aguas negras provenientes de la Ciudad de México y área metropolitana, En ella se reportan la presencia de cianuros, detergentes, grasas, aceites, nitratos, fosfatos, coliformes fecales y metales pesados (plomo y mercurio), en cantidades que rebasan las normas oficiales. Un estudio realizado por los Laboratorios ABC y Química de Investigación y Análisis, Rodríguez Murillo (2010) mencionó que el 47% de las aguas negras son provenientes de desechos industriales y 53% son de origen doméstico (Camacho, 2008).

2.2 Efectos en el ambiente por contaminación del recurso hídrico

Jiménez et al. (2004), reportaron concentraciones de metales pesados de plomo y cadmio en el agua residual del río Tula que varía entre 0.01 y < 0.005 mg/L. Estos valores se encuentran dentro de los límites de normatividad, por lo cual aún no han alcanzado niveles peligrosos. Sin embargo, algunos de los riesgos biológicos que se presentan son debido a tres tipos de microrganismos: coliformes fecales (bacterias), *Giardia intestinalis* (protozoario) y *Ascaris lumbricoides* (helminto), que ocasionan enfermedades gastrointestinales y parasitosis en la población.

Rubio Franchini et al. (2016), reportaron concentraciones de metales pesados en músculo de pez de cadmio (Cd), plomo (Pb) y el metaloide arsénico (As) en tilapias de la especie *Oreochoromis niloticus*. Esta especie está relacionada con el río Tula y es de importancia dentro de la dieta de la región.

Tabla 4. Concentraciones de As, Cd, y Pb en tilapia de la especie *Oreochoromis niloticus*

Sitio de muestreo	As en músculo mg/kg	* Cd en músculo mg/kg	*Pb en músculo mg/kg*
Requena	0.01058 ± 0.005407 (n=5)	-	0.0878 ± 0.107 (n=5)
Noxthey	0.00305 ± 0.004313 (n=2)	0.041 ± 0.016 (n=2)	0.0905 ± 0.0215 (n=2)
El llano	0.0142 ± 0.01145 (n=2)	0.0605 ± 0.0195 (n=2)	0.419 ± 0.136 (n=2)
Corrales	0.01495 ± 0.01209 (n=2)	-	0.1265 ± 0.1265 (n=2)
Zozea	0.0108 ± 0.0041 (n=3)	-	0.83 ± 0.065 (n=2)

*Los límites permisibles establecidos en la NOM-027-SSA1-1993 para Cd es de 0.5 mg/kg y 1 mg/kg para Pb, en el Codex Alimentarius Commission (1995) el límite permisible para Pb es de 0.3 mg/kg. Recuperado de Rubio Franchini, López Hernádez, Ramos Espinosa, & Rico Martínez (2016).

Los valores reportados en la Tabla 4, para el caso del plomo de los sitios Zozea y El Llano se encuentran fuera de los límites permisibles establecidos en el Codex Alimentarius Commission (1995). Respecto a la norma oficial mexicana NOM-027-SSA1-1993 (*Productos de la pesca. Pescados frescos-refrigerados y congelados. Especificaciones sanitarias*), el plomo y el cadmio están dentro de los límites permisibles.

2.3 Ictiofauna en el Estado de Hidalgo

El Estado de Hidalgo se caracteriza por la inmensa variación local de los sistemas ecológicos y por la diversidad de flora y fauna producido por el aislamiento geográfico y las poblaciones locales. El valor de la identificación de especies, es fundamental no sólo por el conocimiento de la diversidad, sino para su conservación y protección (Miranda, Galicia, Monks, & Pulido Flores, 2010). En Hidalgo se han reportado la presencia de 38 especies de peces en ríos y diferentes cuerpos de agua. Sin embargo, en la parte centro y oeste del estado, su abundancia es baja, debido a que los sistemas acuáticos se encuentran fuertemente contaminados, como es el caso del río Tula. Algunas familias son: Characidae, Cichlidae, Cyprinidae, Eleotridae, Ictaluridae, Mugilidae, Catostomidae, Centrarchidae, Clupeidae, Poecilidae y Goodeidae, y entre las especies más importantes están *Heterandria bimaculata, Poeciliopsis gracilis, Poecilia mexicana, Dionda ipni, Astyanax mexicanus, Ictalurus mexicanus,* entre otras, siendo estas las más reconocidas (González Rodríguez & Ramírez Pérez, 2012).

Miranda et al. (2012), registraron la presencia de especies invasivas como lo son *Cyprinus carpio* y *Oreochromis aureus* y otras especies nativas como *Poeciliopsis gracilis, Poecilia mexicana, Goodea atripinnis*, en la zona de Metztitlán, Hidalgo.

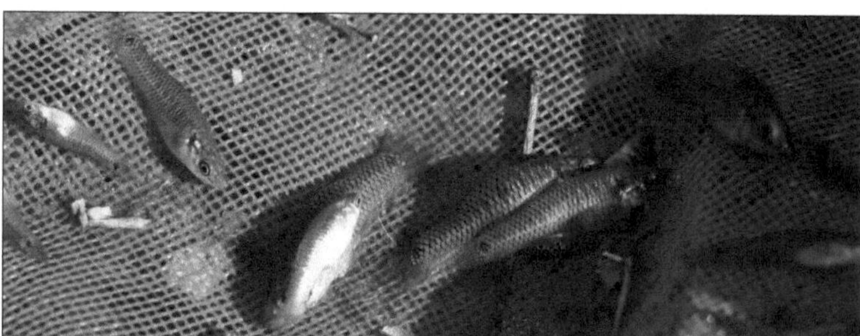

Figura 1. *Heterandria bimaculata*, colectada en la comunidad hñähñú "El Alberto", Ixmiquilpan-Hidalgo, en marzo 2016.

El conocimiento de las especies presentes en el estado tiene una fuerte vinculación con sus actividades económicas. El Estado de Hidalgo tiene una importante producción piscícola, ya que al menos 600 familias de la zona del Valle del Mezquital y la Huasteca, dependen de esta actividad, ocupando el segundo lugar a nivel nacional y generando hasta ocho mil toneladas de peces. Esta actividad económica trae beneficios de autoconsumo y de producción a las comunidades, por lo que es esencial su adecuada regulación y manejo para controlar la introducción de especies invasivas a los sistemas dulceacuícolas (Agencia Mexicana de Información y Análisis, 2016).

Capítulo 3

MARCO TEÓRICO

3.1 Contaminación de los sistemas dulceacuícolas en México

3.1.1 El ciclo hidrológico en México como transporte de contaminantes

El ciclo global del agua en México comprende un total de 1,489 mil millones de metros cúbicos de agua en forma de precipitación, agua renovable y disponible. De estos metros cúbicos, el 71.6% corresponde a la evapotranspiración, la cual regresa a la atmósfera, el 22.2% escurre por ríos, el 6.2% restante se infiltra al subsuelo de forma natural y recarga los acuíferos, contando anualmente con 471.5 mil millones de metros cúbicos de agua renovable (ver Figura 2). Los ríos y arroyos del país forman una red hidrográfica extensa de 633 mil kilómetros de longitud, conectadas físicamente y biológicamente (CONAGUA, 2013).

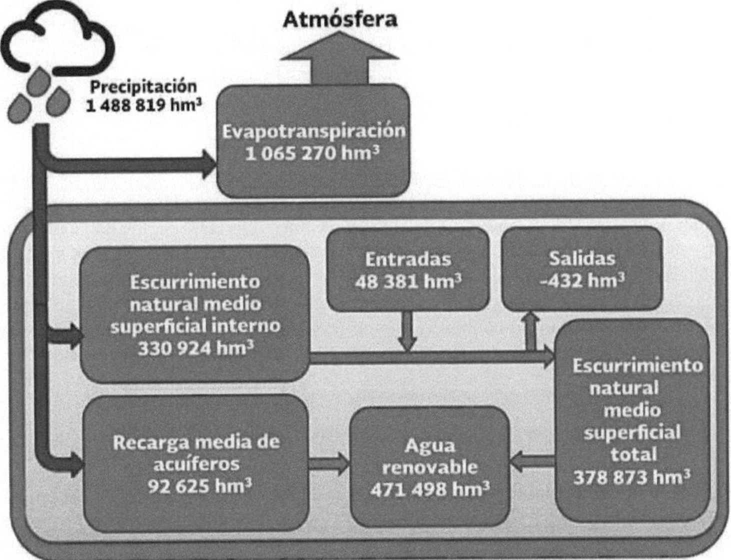

Figura 2. Ciclo global del agua en México. Elaborado por CONAGUA (2013).

Dentro del ciclo hidrológico, las plantas de tratamiento o depuradoras tienen un papel fundamental, ya que aportan un flujo adicional de agua y son imprescindibles para el saneamiento del recurso hídrico, el adecuado manejo y conservación de los sistemas dulceacuícolas. También tienen un gran impacto en los caudales base de los ríos, porque afectan la calidad del agua de manera negativa. A su vez, el ciclo hidrológico se ve alterado por otros factores, como el crecimiento de asentamientos humanos urbanos y la industria, cuyas descargas residuales no reciben un tratamiento óptimo. La agricultura, por otra parte, contribuye con escurrimientos agropecuarios, tóxicos y peligrosos para la salud humana y ambiental, agravando con ello los depósitos de contaminación y teniendo influencia directa en el ciclo hídrico, por medio del arrastre y emulsión. Por lo tanto, el transporte de un gran número de compuestos que entran en contacto a lo largo del ciclo, modifican su calidad a nivel global y local en México (Ibarrarán, Mendoza, Pastrana, & Manzanilla, 2017).

3.1.2 Impacto de la contaminación en ecosistemas acuáticos

Contaminante se considera como el exceso de materia o energía (calor), que provoca daño a los animales, humanos, plantas y bienes, o que perjudique en las actividades que normalmente se realizan, para este estudio, cerca o dentro del agua (Jiménez Cisneros, 2001). Las diferentes actividades productivas generan desechos, los cuales son las principales fuentes de contaminación para los cuerpos de agua o ecosistemas acuáticos, con impactos en la desaparición de vegetación natural, muerte de peces y animales acuáticos, delimitando con ello, el uso del recurso hídrico en otros sectores productivos como la pesca, agricultura, consumo y recreación (BID, 2013). Los ríos son unidades fundamentales dentro de las cuencas hidrológicas, puesto que funcionan como transporte y forman parte del ciclo global del agua. Además de tener un gran valor ecológico, ambiental y ejercer una fuerte presión sobre otros ecosistemas, así como los múltiples beneficios que brinda a la sociedad. Sin embargo, en México alrededor del 73% de los sistemas acuáticos presentan un grado de contaminación (Mendoza Cariño et al., 2014).

Para evaluar y monitorear la calidad del agua, y analizar los distintos grados de contaminación de los cuerpos de agua y ecosistemas en el país, CONAGUA considera los indicadores de Demanda Bioquímica de Oxígeno a cinco días (DBO_5), la Demanda Química de Oxígeno (DQO), y los Sólidos Suspendidos Totales (SST). La DBO_5 y la DQO, se utilizan para determinar la cantidad de materia orgánica presente en los cuerpos de agua, mientras que los SST es el material constituido por sólidos sedimentables. El que se utilicen sólo estos parámetros representa un problema, ya que no considera la amplia gama de contaminantes emergentes, tóxicos y peligrosos que se generan y los cuales tienen un gran impacto para los ambientes acuáticos.

3.1.3 El recurso hídrico en la sociedad

La provisión de agua potable y de saneamiento es un factor primordial en la salud pública y un requerimiento para su sobrevivencia. La presencia de este recurso permite reducir la mortalidad y morbilidad de enfermedades de transmisión hídrica, como lo son: hepatitis, fiebre tifoidea, cólera, disentería, y otras causantes de diarrea, así como afecciones resultantes del consumo de componentes químicos (arsénico, nitratos, flúor). En México se han llevado a cabo el Programa Agua Limpia desde 1991 y campañas de vacunación desde el año 1986, además del incremento de agua potable disponible (abastecimiento), alcantarillado y saneamiento, ver Figura 3 (CONAGUA, 2014).

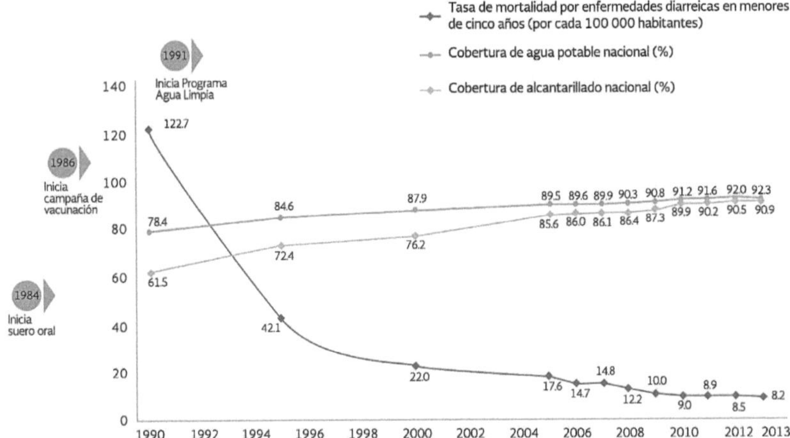

Figura 3. Cobertura de agua potable y alcantarillado y tasa de mortalidad por enfermedades diarreicas en menores de cinco años, 1990 a 2013. Elaborado por CONAGUA (2014).

Para la población en el país, el acceso y cobertura de agua potable es de 92.3%, el 89.6% cuenta con alcantarillado (ver Figura 3) y el 50.2% de aguas residuales generadas reciben algún tipo de tratamiento, reportó CONAGUA en el año 2013. Sin embargo, la falta de coordinación entre usuarios y autoridades, el inadecuado tratamiento y reúso de las aguas residuales, conducen a la sobreexplotación del recurso, contaminación de ecosistemas, degradación de suelos y tiene un impacto negativo sobre la seguridad alimentaria (BID, 2013). La explotación del recurso hídrico en el país se hace dentro de un marco legal que no atiende las necesidades naturales de ecosistemas y de la sociedad, omitiendo factores relativos a su protección, conservación e integridad ecológica (Mendoza Cariño et al., 2014). Además, la información provista por CONAGUA, no plantea metas y no permite medir los avances sobre calidad y gestión del agua. La construcción de plantas de tratamiento no es suficiente para mejorarla, debido a que no se garantiza un buen diseño y operación, además de que el agua tratada no cumple con las normas estipuladas, perjudicando tanto a la sociedad como al ambiente (Argüello, 2011).

Más de 600 acuíferos en la actualidad son explotados en México y aproximadamente sólo 10 son monitoreados regularmente, mientras que el resto se monitorean ocasionalmente y son utilizados principalmente para consumo humano (Marín et al., 1998). El rápido crecimiento de la población urbana ha producido un incremento en la demanda del agua potable, al igual que para la agricultura y la industria. Paralelamente se generan enormes volúmenes de aguas residuales, que generan contaminación en cuerpos de agua superficiales temporales y permanentes, acuíferos y embalses que son utilizados como suministros de agua potable lo cual trae consigo un riesgo para la salud pública (Gallegos et al., 1999).

3.2 Aplicación de la ecotoxicología

3.2.1 Bioindicadores como herramienta de estudio en la ecotoxicología

Los bioindicadores como su origen etimológico lo indica son organismos o comunidades que señalan las condiciones del medio en que viven, a través de sus características estructurales, funcionamiento y reacciones. Estos atributos pueden ayudar a cuantificar la presencia de agentes tóxicos en el sistema y con ello saber si es perjudicial para el ser humano, por lo que un indicador es un organismo selecto por su grado de sensibilidad o tolerancia a diversos tipos de contaminantes. Existen distintos tipos de bioindicadores, según diferentes criterios para clasificarlos; uno de ellos es su grado de sensibilidad, el cual va de un intervalo de muy sensible, sensible y poco sensible (Espino, Hernández Pulido, & Carbajal Pérez, 2000). Otro criterio que suele usarse es a partir de las respuestas a los estímulos y se clasifican según Capó Martí (2007) en:

- *Detectores:* Viven naturalmente en el área y tienen cambios en su motilidad, vitalidad, abundancia, capacidad reproductiva, sobrevivencia, mortalidad, entre otros, que es ocasionada por los cambios ambientales que se producen en su entorno.
- *Explotadores:* Son organismos que de forma más o menos rápida se vuelven muy abundantes, por lo regular debido a falta de competidores, ya que estos últimos han sido eliminados por la perturbación.
- *Centinela:* Es un bioindicador dentro de un intervalo de sensible a muy sensible y cumplen la función de alarmas, puesto que detectan los cambios de forma eficaz y en corto tiempo (agudo). Su objetivo principal es revelar la presencia de contaminantes.
- *Acumuladores:* Organismos resistentes a ciertos compuestos capaces de almacenarlos y acumularlos en cantidades medibles (efecto).
- *Organismo test o bioensayo:* Son bioindicadores que se utilizan en pruebas de laboratorio a modo de reactivos para detectar niveles de contaminación. Las concentraciones reveladas suelen usarse para establecer listas de distintos tipos contaminantes.

Por otra parte, los biomarcadores también miden la interacción entre un sistema biológico y un agente de tipo químico, físico o biológico, evaluando la respuesta funcional o fisiológica a nivel celular o molecular (Arango V., 2012). Los conceptos de bioindicador, bioensayo, así como de biomarcador, deben cumplir con las siguientes características para ser eficientes (Butterworth, 1995): tener alta sensibilidad, ser de bajo costo, evaluación de mezclas complejas y obtención de resultados en corto tiempo.

Para determinar el grado de contaminación o toxicidad de efluentes y agentes químicos aislados, lo cual es uno de los objetivos para este estudio, es recomendable realizar bioensayos con organismos acuáticos, los cuales sirven como bioindicadores para observar las diferentes respuestas de los individuos a las variables que se desean medir, puede ser una respuesta bioquímica, molecular o fisiológica. Para este caso de estudio en particular se buscarán respuestas fisiológicas y sus consecuencias a nivel ecológico (Health, 2000).

3.2.2 Organismo bioensayo: pez *Danio rerio*

El uso del pez cebra para bioensayos ha sido de gran relevancia para la toxicología y ecotoxicología. Es una alternativa para la experimentación con animales por las ventajas que ofrece en cautiverio como lo son su tamaño, crianza y morfología temprana. Son peces que sólo llegan a crecer entre 1-1.5 pulgadas de largo, pueden tener puestas de entre 200 a 300 huevos, teniendo el mismo rendimiento cada cinco a siete días, es fácil observar su desarrollo, así como los daños posibles que pueden sufrir en el cerebro, la notocorda, corazón y mandíbula, durante las pruebas (Hill, Teraoka, Heideman, & Peterson, 2005).

El pez cebra (*Danio rerio*) es miembro de la familia Cyprinidae, nativo de la India y Pakistán, con climas monzónicos y estaciones secas. Es un pez omnívoro que habita aguas tropicales y dulceacuícolas. El macho es mucho más coloreado y delgado que la hembra, suelen tener un color entre dorado y plateado, además de presentar de cinco a nueve bandas color azul oscuro de forma longitudinal a los costados. *Danio rerio* tiene reproducción ovípara, su desove es durante las primeras horas de la mañana sobre plantas de hojas finas y llegan a desovar de 400 a 500 huevos, los que eclosionan en un intervalo de 48 h a 72 h. Por lo regular se encuentran en cuerpos de agua con flujo de agua léntico como lo son: lagos, charcas, orillas de ríos y lagunas (Selman, Wallace, & Sarka, 1993).

Las condiciones favorables para su reproducción y sobrevivencia son con un pH de 6.5-7.0, es decir, de ligeramente ácido a neutro. Requiere de una temperatura de 17-22°C y una conductividad de 600 microsiemens, pero tolera bien la variabilidad de estos factores a consecuencia de la región de la que es nativo, por lo que facilita su mantenimiento en cautividad (Laale, 1977). El pez *Danio rerio* tiene una embriogénesis de una duración de siete periodos: cigoto, hendidura, blástula, gástrula, segmentación, faríngula y eclosión (ver Figura 4). En las primeras 24 horas empieza a parecer la segmentación del cerebro, tubo neural, notocorda y somitos; aunque dentro de este mismo periodo de tiempo son susceptibles a morir. El desarrollo completo del embrión es de 72 horas. Desde los cinco días es capaz de responder a estímulos visuales, olfativos y mecánicos, que es un factor importante para la búsqueda de alimento. Sus ciclos de vida son cortos, puesto que tienen una duración de dos a tres meses y son fértiles durante todo su ciclo de vida a partir de que alcanzan la madurez sexual (Kimmel, Ballard, Kimmel, Ullmann, & Schilling, 1995).

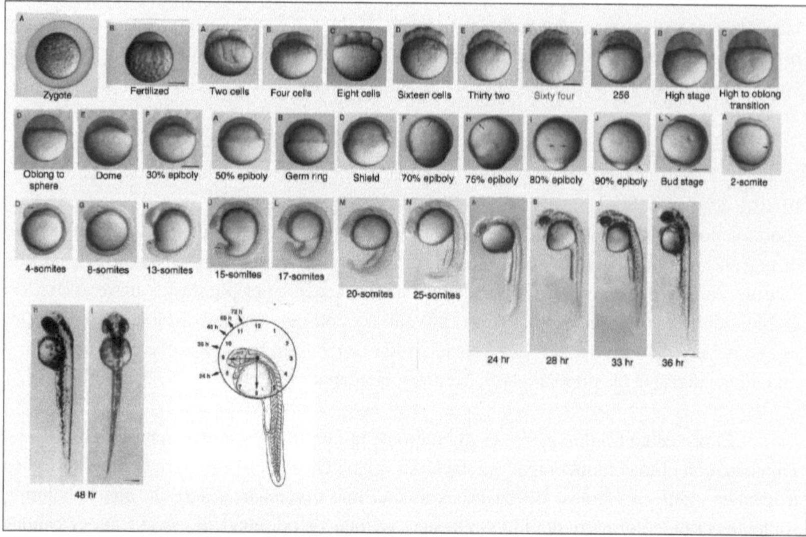

Figura 4. Desarrollo embrionario del pez cebra (*Danio renio*) en una duración de 48 horas. Elaborado y modificado de Kimmel et al. (1995).

Para el desove de la especie *Danio rerio* en condiciones controladas y de laboratorio es necesaria la simulación del fotoperiodo, la cual debe de ser de 12 horas de luz y 12 horas de oscuridad. La luz actúa como regulador e influye directamente en el comportamiento del pez, teniendo relación con su reproducción que suele ser durante las primeras horas de la mañana, donde el cortejo puede llevar un gran lapso de tiempo. Este consiste en que el macho golpea varias veces la cola de la hembra, mientras está intenta escabullirse, esto provocará que expulse los huevos mientras que el pez cebra macho expulsa los espermatozoides que fecundarán los óvulos (Reed & Jennings, 2011). Su alimentación consta de alimento vivo como lo son la *Artemia salina* y zooplancton, además del alimento procesado. Para los peces adultos es necesario suministrarles alimento dos veces al día, mañana y tarde. Se recomienda que los peces que tengan un fin reproductivo sean alimentados con *Artemia salina* un día antes de la puesta, debido a que se han observado mejores resultados. Para los alevines se sugiere también proveer de alimento ya sea vivo o procesado dos veces al día. Los peces que estén en etapa juvenil o alevines pueden estar en peceras con un volumen de agua de 11 L. Es importante que las peceras contenedoras de peces adultos se encuentren tapadas para evitar que los individuos salten. La relación de volumen por individuo será de cada 100 por cada 100 L, es decir, individuo por L de agua, mientras que los organismos juveniles pueden estar en una razón de 50 individuos por 11 L. Finalmente para la sobrevivencia y reproducción óptima del pez se necesita una buena calidad de agua (Strecker, Seiler, Hollert, & Braunbeck, 2011).

3.2.3 Tipos de sustancias e interacciones, efectos, exposición, rutas y vías

En los sistemas acuáticos, así como en el ciclo hidrológico en general, es común encontrar sustancias que reciben el nombre de xenobióticos y tóxicos, que interactúan con los seres vivos. Las primeras no son producidas por la biota y pueden ser productos industriales, drogas terapéuticas, aditivos de alimentos, compuestos inorgánicos entre otros. Por otra parte, los tóxicos son sustancias que tienen una reacción adversa sobre el mismo u otro sistema biológico, ocasionando alteraciones en la estructura, funciones o la muerte. Cabe destacar que un xenobiótico puede comportarse como un tóxico, pero no necesariamente un tóxico es un xenobiótico, ya que algunas sustancias tóxicas pueden generarse de forma natural en el ambiente (Peña, Dean, & Ayala-Fierro, 2001).

Es importante decir que existen diferentes niveles de toxicidad respecto a estas sustancias, los cuales cambian en relación al tiempo y la intensidad de la exposición, es decir, la concentración. Las distintas respuestas y efectos según Silbergeld (1998) que pueden presentar los organismos son:

- *Efecto agudo:* Respuesta tras una exposición limitada y poco tiempo después de ésta (horas, días), pueden ser reversibles o irreversibles.

- *Efecto crónico:* Respuesta que se produce tras una exposición prolongada (meses, años, decenios), y persistes después de que haya cesado la exposición.

Los tipos de exposiciones están estrechamente relacionados con los tipos de efectos que pueden ocasionar, que pueden ser exposiciones *agudas*, *subcrónicas* y crónicas. Las primeras son de corta duración y ocurren en un solo evento, las subcrónicas tienen una duración menor al 10% del período vital, y las crónicas son de larga duración, entre el 10% y el 100% de la vida (Silbergeld, 1998).

Adicionalmente a las exposiciones y los efectos generados, debe considerarse también la ruta, vía e interacciones entre las sustancias, como lo son: sinergia, adición, potenciación y antagonismo ya que, en un medio acuático, lo que se tiene es una mezcla de *n* sustancias que se encuentran interactuando entre sí. El proceso de *adición* es cuando ocurre la interacción entre dos o más componentes y se combinan sus efectos, la *sinergia* sucede cuando dos o más sustancias químicas intensifican sus efectos, siendo la *potenciación* un caso particular, puesto que la sustancia en un principio no ejerce algún efecto, pero en presencia de otra aumenta sus efectos tóxicos, en cambio durante el *antagonismo*, se contrarrestan los efectos (Ming-Ho, 2005). Las diferentes vías por las cuales puede ingresar un tóxico son: la piel (absorción cutánea), sistema respiratorio (inhalación), sistema digestivo (ingestión), ojos y distintos tipos de inyecciones: en vena, músculo, cavidad abdominal, bajo y dentro de la piel (ATSDR, 2009). Finalmente, las rutas hacen referencia a las fuentes y mecanismos de emisión de tóxicos, medio de retención y transporte, punto de contacto potencial entre el medio contaminado y los individuos y la vía de ingreso al organismo (Suter, 2007).

3.2.4 Evaluación dosis respuesta

La dosis es un concepto fundamental y hay varios tipos, pero en este trabajo nos referiremos a la dosis potencial, que es la cantidad de concentración de sustancia que entra en contacto con el organismo por cualquiera de sus vías. El objetivo de la evaluación dosis-respuesta, es poder establecer una relación matemática entre la cantidad de sustancia tóxica y el efecto adverso que puede generar la dosis suministrada. Los compuestos tóxicos pueden inducir efectos por medio de mecanismos fisiológicos y metabólicos, estos se dividen en compuestos tóxicos con umbral o punto en el cual se observa algún efecto y compuestos tóxicos sin umbral o sin un punto claro donde se observan efectos (García Lozada, 2006). Para los compuestos que pueden causar efectos incluso a dosis extremadamente bajas, no existe un nivel de seguridad clara. Matemáticamente se espera que la respuesta efecto dosis sea linealmente proporcional, es decir, que si se aumenta la dosis aumente el efecto, en la Figura 5, se observa la curva relación dosis respuesta (Ottoboni, 1991).

En la evaluación dosis respuesta de sustancias no cancerígenas, con umbral, la severidad de los efectos es proporcional al aumento de la exposición. Aunque existen sustancias químicas que pueden ocasionar efectos con umbral y sin umbral, por lo que la meta de la evaluación de riesgos y dosis respuesta, es determinar cuál es el nivel seguro de exposición para una población que se evalúa (SEMARNAT, INECC, 2003). Por otra parte, los parámetros que se miden en los organismos con base en su letalidad y dosis potencial, para construir las curvas dosis respuesta, en las distintas pruebas ecotoxicológicas, que generalmente son del tipo agudo, son los siguientes (Suter II, Efroymson, Sample, & Jones, 2000):

- CL_{50}: Concentración letal media del tóxico que ocasiona el 50% de mortalidad en la población, esta prueba se hace de forma externa, organismos acuáticos.
- TL_{50}: Tiempo de exposición necesaria para que muera la mitad de los organismos.
- *MCAT:* Máxima concentración aceptable de un tóxico, no ocasiona daños significativos a los organismos acuáticos, se determina en estadios sensibles del ciclo de vida de las especies (huevo, larva) o en estudios de ciclo de vida completo.
- CE_{50}: Concentración efectiva media, es aquella concentración en la que se espera que el 50% de los organismos sufran algún efecto.
- DL_{50}: Dosis letal media, gráficamente o estadísticamente es la dosis estimada en la que se espera que sea letal para el 50% de los organismos, bajo condiciones específicas.

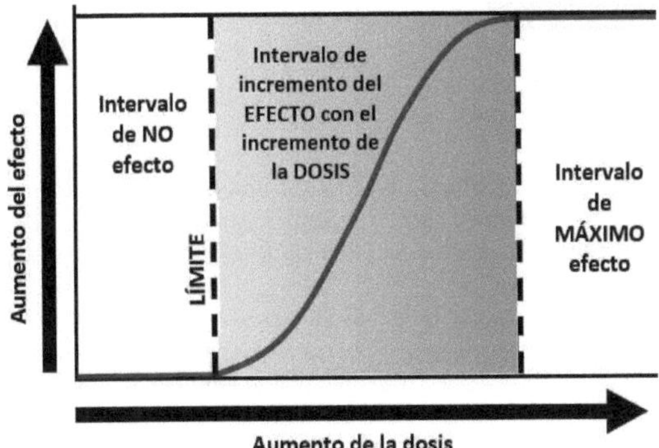

Figura 5. Curva dosis respuesta. Elaborado y modificado de Ottoboni (1991).

3.3 Evaluación del riesgo ambiental (ERA)

3.3.1 Importancia de la Evaluación del Riesgo Ambiental (ERA) y el principio de precaución

La evaluación del riesgo ambiental implica un proceso de identificación, evaluación, selección e implementación de acciones para reducir el riesgo en la salud humana y los ecosistemas (Jones, 2001). Su importancia radica fundamentalmente en la necesidad del manejo de las incertidumbres que representa el riesgo, cumpliendo con el objetivo de proteger la salud de las personas, los recursos naturales y el medio ambiente. El principio preventivo o de precaución; es una herramienta que forma parte de la evaluación y gestión de los riesgos ambientales, puesto que ayuda a implementar las acciones necesarias que se deben optar frente a la posibilidad de un riesgo. Es decir, con base en un criterio de aproximación de riesgo probable y no comprobado de daños graves e irreversibles, sirve como instrumento para tomar medidas preventivas en contra de una actividad, en ausencia de certeza científica o mientras está bajo estudio o sin estudio (Durán Medina & Hervé Espejo, 2003).

Por otra parte, en la *Guía para la presentación del estudio de riesgo ambiental Nivel 2, Análisis de riesgo*, elaborado por la SEMARNAT, por sus siglas Secretaría de Medio Ambiente y Recursos Naturales, define evaluación del riesgo ambiental (ERA), como un instrumento de carácter preventivo mediante la aplicación sistemática de políticas, procedimientos y prácticas de manejo de tareas de análisis, evaluación y control de riesgos, con el objetivo de proteger a la sociedad y al ambiente. Los requerimientos básicos necesarios son: reconocimiento de posibles riesgos, evaluación de posibles eventos peligrosos, así como la mitigación de sus consecuencias y determinación apropiada para la reducción de riesgos. Con esta información se puede establecer propuestas de acciones de protección al ambiente y la prevención de accidentes que pudieran producirse. Concluyendo, el objetivo inmediato de una ERA es servir de ayuda en la toma de decisiones, por lo que es necesario que los resultados obtenidos se presenten en orden lógico, objetivo y fácilmente comprensible (SEMARNAT, s.f).

3.3.2 Pasos generales de una ERA

Los pasos que comprende una evaluación del riesgo ambiental (ERA) con base en los autores Hrudey, Chen y Rousseaux (2000) son: *(1)* identificación del peligro, *(2)* evaluación dosis respuesta, *(3)* evaluación de la exposición y *(4)* caracterización del riesgo, ver Figura 6.

1) La *identificación del peligro* es un proceso que requiere la caracterización de xenobióticos que pueden llegar a ser perjudiciales para la salud humana y el ambiente, para ello es necesario realizar inicialmente una evaluación cualitativa y cuantitativa.

2) En la *evaluación dosis-respuesta* es necesario describir cuantitativamente la relación entre la dosis del xenobiótico (dosis externa, dosis interna o dosis biológica efectiva) y el efecto adverso de la sustancia. La dosis externa hace referencia a la ruta de exposición del organismo en el medio ambiente (aire, agua, comida o contacto directo), la dosis interna es lo que alcanza en el sistema circulatorio o en el individuo y la dosis biológica efectiva es la cantidad requerida para producir algún efecto deseado sobre el organismo. Los valores de toxicidad generalmente son obtenidos mediante experimentos en animales o bioensayos, por medio de la administración de dosis externas de los diferentes xenobióticos a través de varias vías de exposición. Estos datos son comparados usualmente con valores de dosis de referencia (DRf), y se utilizan para xenobióticos que producen efectos tóxicos, pero no cancerígenos.

3) La *evaluación de la exposición* es el proceso en el cual se buscan datos de forma cualitativa o cuantitativa sobre la magnitud de la exposición humana y ambiental a los xenobióticos, así como sus características y potencial de exposición a la población. Este proceso evalúa la exposición desde el origen de contaminación, medio y ruta de transporte en el ambiente, punto de exposición y la población receptora, también calcula la dosis de ingesta promedio (dosis externa y dosis interna) para el xenobiótico. Por lo que es necesario calcular las dosis de las principales rutas de exposición, tomar medidas directas del ambiente y los organismos. Algunos factores utilizados son (ATSDR, 2009):

- *Dosis de Exposición (DE):* Cantidad que ingresa al organismo (inhalación, ingesta, cutánea) con relación a la sustancia a la que se encuentra expuesto.
- *Factor de bioconcentración (FBC):* Relación entre la concentración de una sustancia en el organismo o tejidos, dividida entre a la concentración de la sustancia en el medio ambiente.
- *Factor de exposición (FE):* Se refiere a la cantidad de años a la que se encuentra expuesto a determinada sustancia un individuo o población.
- *Cociente de peligro (CP):* Razón entre la exposición (estimada o medida) y el valor de referencia considerado como un umbral de toxicidad, si los cocientes superan la unidad, esta sustancia puede ocasionar efectos adversos.

- *Dosis de referencia (DRf)*: Exposición diaria que no produce un riesgo apreciable de daño a las poblaciones.

4) La *caracterización del riesgo* es la descripción de la naturaleza y la extensión del riesgo, así como la probabilidad de que un daño ocurra y las consecuencias si es que este sucediera. La probabilidad puede clasificarse en: muy alta, alta, baja y muy baja, sus consecuencias se catalogan en críticas, graves, medias y bajas. Debe tomarse en consideración la información obtenida en los pasos previos, así como la incertidumbre y supuestos analíticos.

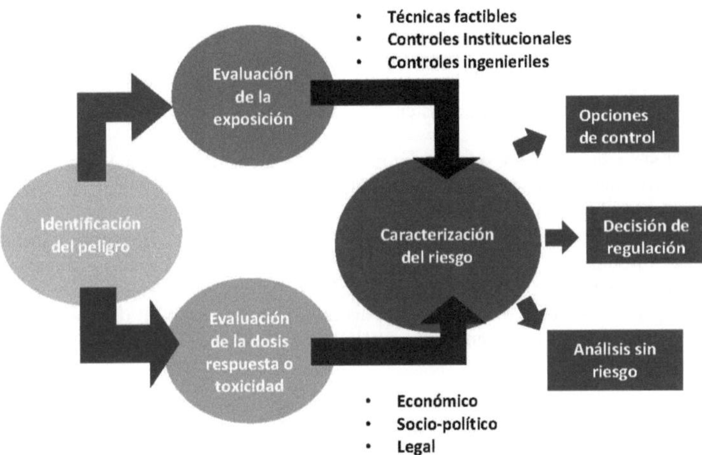

Figura 6. Proceso para realizar una evaluación del riesgo ambiental (ERA). Elaborado y modificado de Simon (2014).

3.3.3 Definición de riesgo y posibles efectos

La US EPA (2017) define riesgo como la posibilidad de que se presenten efectos nocivos para la salud humana o los sistemas ecológicos, debido a la exposición a un estresor ambiental. Este puede ser cualquier entidad física, biológica o química que induce a una respuesta adversa, afectando negativamente recursos naturales o ecosistemas enteros. Es decir, el riesgo lo podemos definir como la combinación de la probabilidad o frecuencia de ocurrencia de un peligro establecido y la magnitud de sus consecuencias (Pritchard, 2006).

A través de la evaluación del riesgo y los diferentes pasos que se necesitan para realizar una ERA, como ya se mencionó en la sección 3.3.2, la información recabada de datos y observaciones científicas, durante todo el proceso, ayudan a entender y definir los posibles efectos para la salud y los ecosistemas, causados por la exposición a materiales o sustancias peligrosas, dependiendo del contaminante que sea analizado. Los impactos por exposición al mismo se pueden jerarquizar por su importancia, desde impactos ecológicos como lo son pérdida de hábitats, efectos adversos en la salud, entre otros más (SEMARNAT, INECC, 2003). Por lo tanto, la contaminación de los diversos ecosistemas, generación de residuos y otros impactos de origen antropogénico, son el producto de la sobreexplotación y uso ineficiente e incorrecto de los recursos naturales, lo que conlleva a la formación de diferentes y nuevos riesgos, tanto para el ambiente como para las poblaciones humanas, por lo que es necesario y fundamental la identificación y evaluación de posibles y futuros riesgos, así como sus escenarios.

3.3.4 El agua como vehículo de riesgo

El inadecuado uso y manejo del recurso hídrico puede traer problemas sino se gestiona adecuadamente, resultando en contaminación de acuíferos y sistemas dulceacuícolas, con compuestos químicos orgánicos e inorgánicos, metales pesados y patógenos. Esto puede ocasionar daños, no sólo en los ecosistemas sino también en la salud pública.

El agua superficial y subterránea puede verse afectada por la presencia de metales pesados provenientes de procesos industriales y fuentes antropogénicas, lo cual puede impactar la salud humana y ambiental, por las exposiciones elevadas y crónicas con las que pueden entrar en contacto. La US EPA considera dentro de su lista de metales y metaloides de interés principal, el cobre, plomo, arsénico, cadmio, cromo, mercurio, níquel y zinc, mismos que se analizaron en este estudio. A continuación, se enlistan los metales y metaloides, anteriormente mencionados y sus descripciones según el daño a la salud que causan, con base en la organización WHO, por sus siglas en inglés World Health Organization, (2005):

- El *cobre* tiene una amplia variación en los sistemas acuáticos, ya que depende de las características del agua. Sin embargo, para la salud humana la primera fuente de exposición son los alimentos que son obtenidos del medio acuático, y puede ocasionar daños gastrointestinales, insuficiencias renales, hematuria, hemólisis intravascular, entre otros efectos.
- El *plomo* es un metal acumulativo y sus principales efectos son sobre el sistema nervioso central.
- El *arsénico* en aguas naturales generalmente se encuentra entre 1 y 2 µg/L, pero puede variar según las características del suelo y las fuentes antropogénicas cercanas al sitio, como la minería y fabricación de agroquímicos, algunos síntomas de intoxicación son dolor abdominal, vómitos, diarrea, dolor y debilidad muscular, deterioro progresivo del sistema motor y de la sensibilidad.
- El *cadmio* en aguas no contaminadas se encuentra por debajo de 1 µg/L, sus efectos en la salud principalmente son en los riñones y vías urinarias.
- El contenido de *cromo* en aguas superficiales no contaminadas, es aproximadamente de 0.2 – 1 µg/L, los daños en la salud humana, son desordenes gastrointestinales, convulsiones y choques cardiovasculares.
- El contenido del *mercurio* en aguas naturales debe ser por debajo de 1 ng/L, y sus efectos en la salud humana generan daños renales y neurológicos.
- Las concentraciones de *níquel*, pueden variar según el pH y la profundidad de

muestreo, el níquel puede producir reacciones alérgicas y en dosis muy altas daños a los pulmones.

- La cantidad de *zinc* en aguas superficiales, generalmente no es mayor a 10 µg/L, experimentos con animales de laboratorio han demostrado que genera deficiencias de calcio.

Los contaminantes biológicos que se pueden encontrar en el agua son microorganismos patógenos, virus y desechos orgánicos (provenientes de humanos, ganados, e industria de alimentos), estos pueden transmitir la cólera, tifus, gastroenteritis, hepatitis, y también agotan la cantidad de oxígeno presente en el medio acuático, dañando a los organismos (OMS, 2017).

Además de la presencia de metales pesados y contaminantes biológicos en aguas superficiales y subterráneas que representan un riesgo para la salud humana y ambiental, existen otra serie de sustancias que no se encuentran reguladas y tienen un gran impacto, estas son los contaminantes emergentes, las cuales pueden ser surfactantes, productos farmacéuticos, productos de cuidado personal, aditivos de las gasolinas, retardantes de fuego, antisépticos, aditivos industriales, esteroides y hormonas, antibióticos, subproductos para la desinfección del agua, entre otros más. La característica principal de estos contaminantes, es que a pesar de no persistir en el ambiente provocan efectos adversos, ya que las elevadas tasas de transformación/remoción se compensan con la entrada constante que tienen a los sistemas acuáticos. Otro gran problema que coadyuva, es que es difícil predecir los efectos que tendrá en los humanos y organismos acuáticos (Becerril Bravo, 2009).

3.4 Marco legislativo

3.4.1 Reglamentos y leyes en materia de Evaluación del Riesgo Ambiental

Los primeros esfuerzos que se hicieron dentro del país para realizar estudios de riesgo, fue en el año de 1988 con la Ley General del Equilibrio Ecológico y protección al Ambiente (LGEEPA). Esta establece en su Capítulo II-Distribución de Competencias y Coordinación, en el artículo séptimo, la necesidad de regular el aprovechamiento sustentable, prevención y control de contaminación de aguas de jurisdicción estatal y aguas nacionales, mientras que en el artículo octavo plantea la aplicación de instrumentos ambientales, para la preservación y restauración del equilibrio ecológico, como lo son las evaluaciones de impacto y riesgo ambiental. A su vez en el Capítulo III-Medidas de Seguridad, en el artículo 170, establece que en caso de existir riesgo inminente, desequilibrio ecológico, daño o deterioro grave en los recursos naturales, casos de contaminación con repercusiones para los ecosistemas, componentes o salud pública, la Secretaría tendrá que tomar las siguientes medidas: clausura temporal o parcial de las fuentes de contaminación, aseguramiento precautorio de materiales y residuos peligrosos o la neutralización de los mismos.

En México, dentro de los instrumentos de política ambiental, existe el *Reglamento de Impacto Ambiental y Riesgo* el cual define la evaluación de riesgo ambiental, como un procedimiento que la autoridad califica para evaluar la posibilidad de que se presente un riesgo para los ecosistemas, la salud pública o los ambientes, con la finalidad de poder proyectar medidas técnicas, preventivas, correctivas y de seguridad propuestas en el estudio de riesgo. Así como los conceptos de daño grave al ambiente y desequilibrio ecológico, que son ocasionados por acciones humanas (Gobierno del Distrito Federal, 2004).

Cabe mencionar que para realizar una Evaluación del Riesgo Ambiental (ERA), la SEMARNAT (Secretaría de Medio Ambiente y Recursos Naturales) en su Guía para la Representación del Estudio del Riesgo (Modalidad Análisis del Riesgo), define los siguientes rubros para la elaboración de la misma:

- *Informe técnico:* riesgos probables, medidas preventivas y de seguridad.
- *Conclusiones y recomendaciones*: Resumen de la situación general, en materia de riesgo ambiental, así como las recomendaciones para reducir, mitigar y corregir los riesgos identificados.
- *Anexo fotográfico*: Fotografías que muestren los puntos de interés, así como la ubicación.

3.4.2 Normas Oficiales Mexicanas y límites permisibles

Para realizar la Evaluación del Riesgo Ambiental (ERA), fue necesario establecer criterios basados en las Normas Oficiales Mexicanas (NOM). Estas normas explican las regulaciones técnicas de observancia obligatoria expedidas por las dependencias competentes, conforme a las finalidades establecidas en la Ley Federal sobre Metrología y Normalización (LFMN), que establecen reglas, especificaciones, atributos, directrices, características o prescripciones aplicables a un producto, proceso, instalación, sistemas, actividad, servicio o método de producción u operación ((Procuraduría General del Consumidor (PROFECO), 2012). Estas fueron:

- NOM-001-SEMARNAT-1996: Establece los límites máximos permisibles de contaminantes en las descargas de aguas residuales en aguas y bienes nacionales.
- NOM-003-SEMARNAT-1997: Establece los límites máximos permisibles de contaminantes de aguas tratadas para las aguas residuales tratadas que se reusen en servicios al público.
- NOM-059-SEMARNAT-2010: Protección ambiental-Especies nativas de México de flora y fauna silvestres- Categorías de riesgo y especificaciones para su inclusión, exclusión o cambio-Lista de especies en riesgo.
- NOM-127-SSA1-1994: Salud Ambiental, agua para uso y consumo humano-límites permisibles de calidad y tratamientos a que debe someterse el agua para su potabilización.

Los límites permisibles establecidos en las Normas Oficiales Mexicanas dentro de cada rubro, fueron utilizados para referenciar y comparar los valores obtenidos en campo. En el caso de la NOM-001-SEMARNAT-1996, también se usaron las Normas Mexicanas (NMX), derivadas de la misma. Las Normas Mexicanas (NMX) expresan una recomendación de parámetros o procedimientos, aunque si son mencionadas como parte de la NOM, al ser éstas de uso obligatorio, su observancia también pasa a ser obligatoria, según la Ley Federal Sobre Metrología y Normalización (LFMN).

3.4.3 Normas internacionales

La ISO, Organización Internacional de Normalización, por sus siglas en inglés International Organization for Standardization, es un organismo que tiene como objetivo la realización de normas internacionales, formadas por organizaciones nacionales de estandarización (ISO, 2007). Para este estudio, se utilizó la ISO 14001:2004, *Sistemas de gestión ambiental* y la UNE 150008:2008, *Análisis y Evaluación del riesgo ambiental*. La UNE es un organismo de normalización español, integrante de la ISO, el cual participa en el desarrollo de normas europeas e internacionales (AENOR, 2016). También se usó el instrumento legal, *Guía técnica sobre evaluación de riesgos* elaborada por la Comisión Europea. Los objetivos principales de las normas y el instrumento legal se muestran en la Tabla 5.

Tabla 5. Objetivos principales de normas e instrumentos internacionales en relación al riesgo ambiental.

Norma o instrumento legal internacional	Objetivo principal
ISO 14001:2004, *Sistemas de gestión ambiental.*	Controlar el impacto de actividades humanas, productos o servicios al ambiente. Esta formada por cinco áreas principales para su regulación: política ambiental, planeamiento, implementación y operación, comprobación y acciones correctivas.
UNE 150008:2008, *Análisis y Evaluación del riesgo ambiental.*	Es de carácter preventivo, se basa en las probabilidades de ocurrencia de accidentes ambientales y la evaluación de los riesgos como distintos escenarios para todo tipo de organizaciones y sectores, facilitando la toma de decisiones de las administraciones.
Guía técnica sobre evaluación de riesgos.	Proteger a las poblaciones humanas y ecosistemas de las posibles consecuencias que se puedan presentar, si el riesgo por actividades humanas ocurriese. Explicar los pasos necesarios para realizar una evaluación del riesgo ambiental (identificación del peligro, dosis respuesta, evaluación de la exposición y caracterización del riesgo).

3.5 Importancia de la conservación de ecosistemas dulceacuícolas mexicanos

3.5.1 Servicios ecosistémicos

Los sistemas dulceacuícolas se ven sometidos a una presión creciente por el uso insostenible de sus recursos y otras amenazas, teniendo repercusiones en la disponibilidad y calidad del agua, por lo que es inherente la necesidad de la conservación de los ecosistemas acuáticos para asegurar con ello la preservación de los servicios ecosistémicos y la seguridad hídrica (Almeida-Leñera et al., 2007). Los servicios ecosistémicos son los beneficios, condiciones y procesos que la humanidad obtiene de los ecosistemas y se clasifican en: servicios de provisión (comida, agua, madera, fibra, otros), regulación (calidad del agua, desechos, inundaciones, otros), culturales (servicios recreativos) y de soporte (formación de suelos, fotosíntesis y ciclo de nutrientes). La especie humana depende fundamentalmente del flujo de los servicios de los ecosistemas para su sobrevivencia (Millennium Ecosystem Assessment, 2003).

Los servicios ecosistémicos (provisión, regulación, cultural y soporte) respecto al recurso hídrico y los ecosistemas acuáticos brindan beneficios como: almacenamiento de agua dulce, purificación del agua, recarga del agua subterránea, regulación de calidad del aire y clima, protección del suelo y reducción a riesgos asociados con el agua, además de proveer agua para los cultivos, pesca, industria, energía, salud, sostienen medios de subsistencia, navegación, recreación y turismo, mejor calidad de vida. Para el mantenimiento de estos servicios ecosistémicos a través de los sistemas acuáticos, es necesario que existan políticas que permitan la extracción de los recursos hídricos y al mismo tiempo la adaptación de los ecosistemas, ver Figura 7 (Global Water Partnership, 2005).

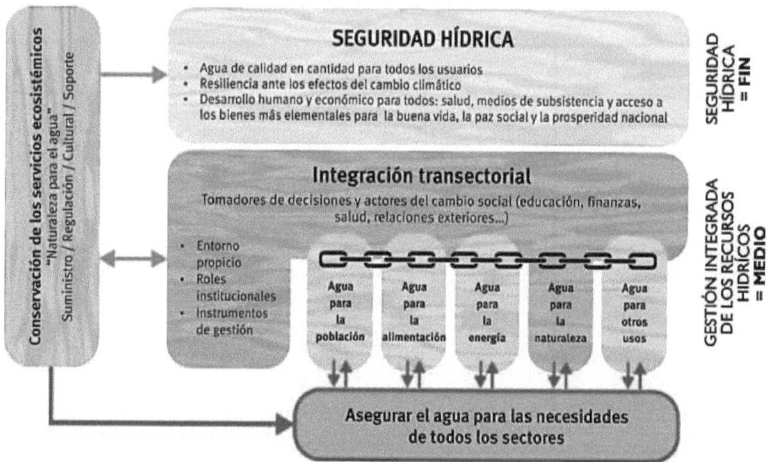

Figura 7. Esquema de la conservación de servicios ecosistémicos del recurso hídrico. Elaborado por Global Water Partnership (2005).

3.5.2 Riqueza e importancia de la ictiofauna mexicana

México cuenta con una de las mayores diversidades de peces del planeta y con un gran número de endemismos. Se han identificado al menos 25,000 especies de peces, de las cuales 1,782 son marinas, 545 dulceacuícolas y 170 de aguas salobres y estuarios, dentro de un intervalo de 330 a 335 son endémicas (en aguas continentales), 503 arrecifales, 225 pelágicas y 311 demersales (Contreras-Balderas, Almada-Villela, Lozano-Vilano, & García Ramírez, 2003) .

De las 545 especies de agua dulce se encuentran diversificadas en 47 familias, lo cual representa el 60% de las especies de América del Norte y el 6% a nivel mundial. Algunos endemismos son la familia Cichlidae el género *Cichlasoma* (mojarras), la familia Cyprinidae el género *Notropis* (pequeñas carpas), Atherinidae y el género *Chirostoma* (charales),

Poeciliidae y el género *Gambusia* y la familia Cyprinodontidae con el género *Cyprinodoncon*. Una de las más importantes es la presencia de la familia Goodeidae que es autóctona y tiene 37 especies endémicas. Las cuencas hidrológicas que cuentan con mayor riqueza de especies son: Lerma Santiago, río Pánuco, río Conchos, Coatzacoalcos, río Papaloapan, Grijalva Usumacinta, incluso existen cuerpos de agua con un porcentaje de 50 al 85% de especies endémicas (Hernández Betancourt, Chumba Segura, Sélem Salas, & Chablé Santos, 2013). En la Tabla 6 se presentan el número de especies y porcentaje de especies endémicas por cuenca hidrológica.

Tabla 6. Número de especies y porcentajes de especies endémicas por cuenca hidrológica.

Cuenca Hidrológica	Número de especies	Porcentaje de especies endémicas
Lerma Santiago	57	66
Grijalva Usumacinta	72	36
Pánuco	75	30
Ameca	20	30
Balsas	20	35
Papaloapan	47	21
Conchos	34	21
Tunal	13	62
Coatzacoalcos	53	13
Cuatro Ciénegas	19	50
Chinchancanab	10	85
Lago de Pátzcuaro	14	24
Media Luna	-	65

Recuperado y modificado de Hernández Betancourt, Chumba Segura, Sélem Salas, & Chablé Santos (2013).

La familia Goodeidae tiene géneros distribuidos en Estados Unidos de América y en la mesa central de México, vertientes adyacentes al Pacífico y Golfo de México. Por su ubicación y distribución son importantes y de relevancia para este estudio, ya que es uno de los grupos de peces con mayor riesgo de extinción en el mundo. La familia Poeciliidae es una de las mejores representadas en aguas dulces de México y tiene una distribución tropical, esta especie se ha encontrado en regiones del Estado de Hidalgo, pero a causa del crecimiento urbano y contaminación del recurso hídrico, actualmente se encuentran amenazadas (Hernández Betancourt, Chumba Segura, Sélem Salas, & Chablé Santos, 2013).

El crecimiento de la población y la contaminación de los sistemas dulceacuícolas, además de la introducción de especies exóticas invasoras, aproximadamente un 20.3% de las especies de agua dulce (Contreras-MacBeath, Gaspar-Dilanes, Huidobro-Campos, & Mejía-Mojica, 2014), ha provocado que el número de especies de peces de agua dulce que se encuentran en peligro de extinción haya pasado de 17 en 1963 a 192 en el año 2005 (Contreras-Balderas, Mendoza Alfaro, & Ramírez Martínez, 2008). Por lo tanto, México ocupa uno de los primeros lugares en el mundo con un alto nivel de riesgo o vulnerabilidad para los peces de agua dulce, por lo que es importante estudiar los factores que afectan la integridad de los ecosistemas acuáticos, para emplear estrategias para su conservación y aprovechamiento (Torres-Orozco, 2011).

Capítulo 4

JUSTIFICACIÓN

Realizar una evaluación de riesgo ambiental (ERA) dentro de la comunidad hñähñú "El Alberto" en Ixmiquilpan-Hidalgo, expone la importancia de efectuar acciones de prevención de riesgo ambiental y social. A partir de un diagnóstico que permita implementar estrategias de control y conductas entre los usuarios finales. Este trabajo explica y aporta comprensión en la dinámica del impacto ambiental y las diversas consecuencias positivas y negativas que ha tenido el vertimiento de aguas negras crudas provenientes de la Ciudad de México y área metropolitana, municipios e industrias, al río Tula, sistemas dulceacuícolas como los manantiales, organismos acuáticos y la población humana en la localidad. Además, de advertir, demostrar y ayudar a la comunidad a planificar acciones encaminadas a la conservación y gestión del recurso hídrico, especies y ecosistemas, es decir, llegar a un aprovechamiento sostenible y consciente de los servicios ecosistémicos de los diversos ambientes.

Por lo tanto, es de gran relevancia evaluar la toxicidad de los diferentes cuerpos de agua: manantiales y río Tula, que interactúan con las descargas vertidas al río y generan serios problemas de contaminación. Así como evaluar los distintos efectos que ha tenido sobre los ambientes acuáticos y las especies endémicas del sitio. También permite establecer límites de seguridad, frente al peligro por contaminación para los organismos y la población. Asimismo, medir la vulnerabilidad y exposición dentro de la comunidad que está en contacto con los diferentes xenobióticos y contaminantes presentes en el río.

Capítulo 5

OBJETIVO E HIPÓTESIS

5.1 Hipótesis

Los ambientes y organismos acuáticos cercanos al río Tula de la comunidad hñähñú "El Alberto", así como las poblaciones humanas, podrían verse afectados negativamente por las descargas de aguas residuales vertidas al río.

5.2 Objetivo general

Realizar una evaluación del riesgo ambiental (ERA) en los manantiales y el río Tula dentro de la comunidad hñähñú "El Alberto" en Ixmiquilpan, Hidalgo, para predecir y estimar los efectos ocasionados por las descargas de aguas negras, agrícolas, ganaderas e industriales en los ecosistemas acuáticos y la población.

5.3 Objetivos específicos

- Caracterización fisicoquímica de la calidad del agua para época de estiaje y lluvias, en tres manantiales y dos puntos del río Tula (entrada y salida) de la comunidad hñähñú "El Alberto".
- Caracterización fisicoquímica de la calidad del agua en un punto de la presa Endhó y tres puntos dentro del balneario EcoAlberto (fuente de abastecimiento, albercas y canal de salida) en época de lluvias.
- Descripción física de los tres manantiales según su temperatura, caudal y patrón de flujo de agua.
- Determinación de especies de peces encontradas en los tres manantiales y dos puntos del río Tula.
- Evaluación de la toxicidad mediante bioensayos en embriones de pez cebra de las aguas provenientes de tres manantiales y dos puntos del río Tula.
- Identificación de presencia de metales pesados según la NOM-001-SEMARNAT-1996 en el río Tula.
- Evaluación de presencia de metales pesados en los tres manantiales según la NOM-127-SSA1-1994.
- Evaluación de la exposición y vulnerabilidad a metales pesados de los consumidores de peces obtenidos en el río Tula en la comunidad hñähñú "El Alberto"

Capítulo 6

DESCRIPCIÓN DEL SITIO DE ESTUDIO

La comunidad rural indígena hñähñú "El Alberto", durante la época colonial, fue nombrada Santa Cruz Alberto y formaba parte de los 16 pueblos pertenecientes a Ixmiquilpan, no vivió procesos intensos de mestizaje, logrando conservar la pureza de su población. La comunidad mantiene un sistema ancestral de gobierno, el cual se basa en la intervención colaborativa y división jerárquica política, civil y religiosa (católica y evangélica). Esto se lleva a cabo a través de la rotación periódica de cargos para la toma de decisiones en una asamblea general comunitaria (Álvarez, 2006).

La mayoría de los habitantes son bilingües, hablan otomí-español y la población registra un alto grado de marginación con un índice de -0.31963, mientras que su índice de rezago social es medio, con un valor de -0.222877 (CONAPO, 2010). Las principales actividades económicas dentro de la comunidad son la agricultura, ganadería y pesca de autoconsumo, turismo y las remesas de los familiares emigrados (INEGI, 1994). El 22.48% no dispone de drenaje y un 12.58% no cuenta con sanitario, lo cual puede generar enfermedades e infecciones. En el sector turístico crearon la Sociedad de Solidaridad Social EcoAlberto, en el cual se maneja la administración de recursos naturales, en especial, el agua, ya que es un recurso que proporciona actividades como: aguas termales, río, albercas, recorridos por el río Tula y otras actividades recreativas como la caminata nocturna, ver Figura 8 (Flores Amador, Zizumbo Villarreal, & Cruz Jiménez, 2015).

Figura 8. Actividades recreativas relacionadas con el recurso hídrico en el Parque EcoAlberto, parte superior izquierda pesca, para superior derecha kayak, parte inferior izquierda aguas termales, parte inferior derecha paseo en lancha, Ixmiquilpan-Hidalgo. Elaborado y modificado de: http://www.ecoalberto.com.mx/web/balneario.php

La comunidad otomí "El Alberto", Ixmiquilpan, se encuentra dentro del Valle del Mezquital o Valle de Tula, Estado de Hidalgo. Es una de las regiones más grandes del mundo regada con agua negra (Mara & Cairncross, 1989) y ocupa la parte sur de la región hidrológica 26, Pánuco. El clima es templado semiárido, con una temperatura anual de 17 °C, una precipitación del orden de 550 mm y evapotranspiración de 1750 mm. La época de lluvias es en los meses de junio a septiembre y los suelos se clasifican en: leptosoles, de poca profundidad y poco productivos, feozems de profundidad y productividad media, y los vertisoles, suelos profundos y productivos (Jiménez et al., 2004). La vegetación se compone de matorrales xerófilos, principalmente mezquites (*Prosopis laevigata* Humb. & Bonpl. ex Willd.*), huizaches (*Acacia farnesiana* (L.) Willd.*), yucas (*Yucca sp.*), así como una gran diversidad de cactáceas (González, 1968).

6.1 Región hidrográfica Pánuco

La microcuenca o subcuenca del río Tula, así como la comunidad hñähñú "El Alberto", se encuentran ubicados en la parte sur de la región hidrológica número 26, que recibe el nombre de Pánuco, conformada por cuatro cuencas principales, Moctezuma, Pánuco, Tamesí y Tamauín (ver Figura 13). Esta región es una de las más importantes del país, perteneciente a las 37 regiones hidrológicas y que su a vez se agrupan en las 13 regiones hidrológico-administrativas que establece CONAGUA (2015).

Se encuentra ubicada entre los 19° 01' y 23° 50' de latitud norte y 97° 46' y 101° 21' de longitud oeste, distribuyéndose en los estados de: Estado de México (2.8%), Puebla (0.1%), Hidalgo (20%), Querétaro (11%), Veracruz (12.1%), Guanajuato (6.2%), San Luis Potosí (27.7%), Tamaulipas (19.5%) y Nuevo León (0.6%). Recibe su nombre debido al río Pánuco, el cual inicia desde la cabecera de Tepeji o San Jerónimo, y sigue su transcurso hacia las presas Taxhimay y Requena, donde cambia su nombre a río Tula, su nacimiento es desde el cerro La Bufa, Estado de México, el cual es un parteaguas entre el río Lerma y el Valle de México, donde tiene un flujo hacia Ixmiquilpan, Estado de Hidalgo, después tiene confluencia hacia el río San Juan del Río y cambia su nombre a río Moctezuma, posteriormente recibe el nombre del río Pánuco a partir de la confluencia del río Tampaón, en el Estado de San Luis Potosí (Pereyra Díaz & Pérez Sesma, 2005). La cuenca ocupa una superficie 96 989 km² con una precipitación anual de 892 mm y un escurrimiento natural medio superficial interno 20,330 (hm³/año), además de ser una de las cuencas con el mayor número de microcuencas (CONAGUA, 2014). Los principales ríos de drenaje que tiene la cuenca son: río Pánuco, Moctezuma, Tamuín, Tamesí, Guayalejo, Tempoal y Topila (Hudson, 2002), ver Figura 9.

6.2 Presa Endhó

La presa Endhó fue construida entre los años 1947-1952, inicialmente concentraba agua dulce proveniente del río Tula y en la presa se podían practicar deportes acuáticos y pesca. Sin embargo, en el año 1975, se convirtió en depósito de aguas negras de la Ciudad de México, durante el sexenio de Luis Echeverría Álvarez. Actualmente recibe alrededor de 3 mil 456 millones de litros de aguas negras diariamente, procedentes de la Ciudad de México y del Valle de México y el corredor Tula-Tepeji, transportadas por el río Tula. La presa se encuentra ubicada al sur del Valle del Mezquital, a 85 kilómetros de la ciudad, esto trae efectos adversos sobre las 17 comunidades aledañas, en donde habitan unas 40 mil personas. También estas aguas son usadas para riego de siembras de hortalizas, maíz, alfalfa, jitomate, frijoles, chiles, calabazas y forrajes, irrigando unas 100 mil hectáreas de los distritos de riego Tula y Alfajayucan (Muñoz, 2014).

La presa tiene una capacidad total de 182 millones de metros cúbicos de agua y una superficie de 1,260 hectáreas, regando un 60% de las tierras de cultivo con agua negra, ver Figura 10 (De Alba, 2009).

Figura 9. Cuenca del Pánuco y principales ríos de drenaje. Elaborado y modificado de Hudson (2002).

Figura 10. Presa Endhó, Valle del Mezquital, Estado de Hidalgo.

6.3 Río Tula

El río Tula tiene un régimen permanente durante todo el año y toma su nombre desde el poblado de Atengo, sigue su transcurso por el poblado de Tezontepec de Aldama, recibiendo su aporte más importante del río Salado, cuyo origen son las aguas negras que provienen del Estado de México, por el canal del Desagüe a través de los túneles de Tequisquiac, aportando sus aguas a las presas Taxhimay, Requena y Endhó (ver Figura 11). El río Tula comparte sus aguas con la presa de Zimapán, el río San Juan del Río y con el aporte posterior del Río Hondo que constituye el río Moctezuma, siendo este último uno de los afluentes y dren hidrológico más importante de la cuenca del Pánuco, que finalmente desemboca en el Golfo de México (Del Arenal, 1985) .

El río también ha recibido desde el siglo XVII aguas provenientes de la Ciudad de México a través de tres conductos: el Interceptor Poniente (1789), el Gran Canal (1898) y el Emisor Central (1975). En un principio las precipitaciones causaron inundaciones, por lo que fue importante desalojar la mayor cantidad de agua de la ciudad, más tarde se comenzó a colocar las aguas residuales junto con las de lluvia, influyendo de forma directa con el aumento del caudal, además del enorme crecimiento urbano (Legorreta, 2006). A consecuencia de ello, se empezó a utilizar esta agua para la actividad agrícola dentro de la zona de Tula, la superficie de riego en la actualidad es de 85,000 ha, Distrito de Riego 003 de Tula; el uso de aguas negras dentro de la región trajo como consecuencia el aumento del caudal base del río Tula, casi ocho veces de 1.6 m^3/s a 13 m^3/s en 50 años (Jiménez et al., 2004).

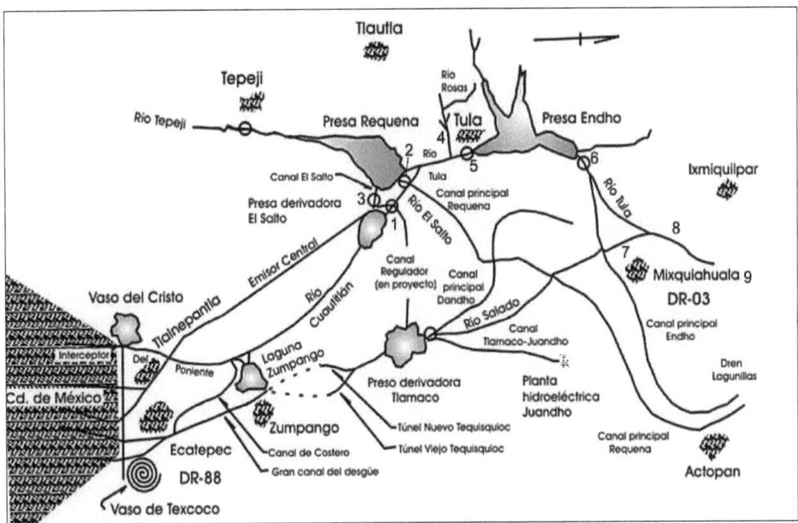

Figura 11. Sistema hidrológico del Valle del Mezquital. Elaborado por Jiménez, Barrios, Chávez & Barrios, (2000).

6.4 Manantiales

La microcuenca del río Tula está conformada principalmente por tres acuíferos: Zimapán con una superficie de 1211.6 km², Orizatlán con 597.8 km² e Ixmiquilpan con 144.7 km². El acuífero de Ixmiquilpan tiene una profundidad de nivel estático (profundidad a la que se encuentra el agua de un acuífero) de entre 15 a 30 m y tiene una evolución consistente en la continua y gradual recuperación de los niveles piezométricos regionales, lo cual indica un llenado de los acuíferos a causa de la infiltración del agua de los sistemas de canales provenientes de la Ciudad de México y por exceso de riego a nivel parcelario (Randell Badillo, 2008). Las aguas negras y los sistemas de riego en las cuales son empleadas, han tenido un gran impacto en los acuíferos, puesto que la infiltración es de 25 m³/s, 13 veces la recarga natural, provocando salidas de agua a través de afloramientos de manantiales de 40 a 600 L/s (Jiménez et al., 1999).

Las infiltraciones han traído beneficios al Estado de Hidalgo, como lo son los afloramientos de manantiales que tienen diferentes usos en la población, algunos de ellos recreacionales e importantes en el sector turístico (Figura 12). Sin embargo, el aporte de aguas residuales crudas provenientes de la Ciudad de México ha tenido impactos negativos en estos cuerpos de agua, debido a la presencia de materia orgánica, patógenos y sólidos disueltos, lo cual representa un riesgo para la comunidad (Programa Agua, 2010).

Figura 12. Manantial hipotermal dentro del comunidad hñähñú "El Alberto", acondicionado para el uso de albercas y turismo, Ixmiquilpan-Estado de Hidalgo.

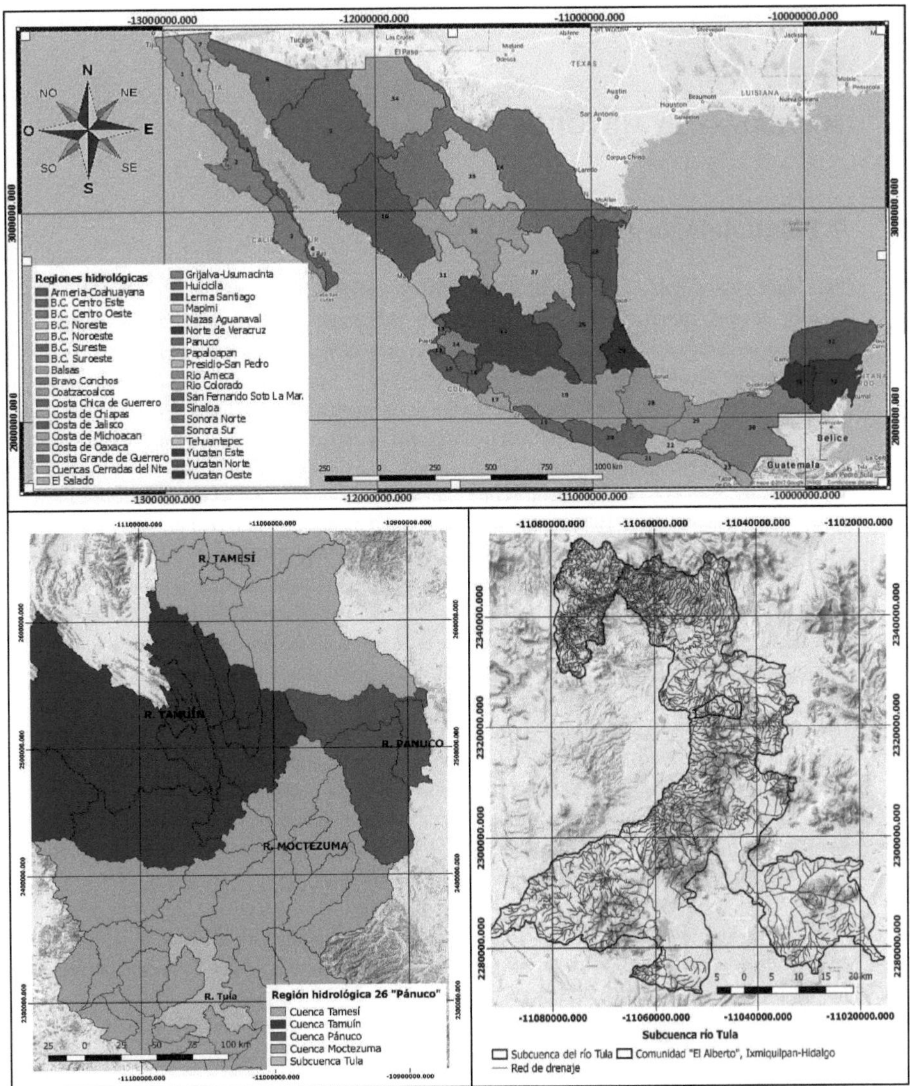

Figura 13. Parte superior, regiones hidrográficas en México establecidas por CONAGUA, parte inferior izquierda, región hidrológica 26 Pánuco y sus cuencas principales, parte inferior derecha, ubicación de la comunidad "El Alberto" respecto a la subcuenca del río Tula. Realizado con el programa QGIS 2.18.9.

Capítulo 7

MATERIALES Y MÉTODOS

7.1 Metodología general

Para época de estiaje y lluvias se caracterizó la calidad fisicoquímica del agua en tres manantiales y dos puntos del río Tula en la comunidad hñähñú "El Alberto". Además, en época de lluvias se caracterizó la calidad del agua en un punto de la presa Endhó y tres puntos dentro del balneario EcoAlberto (abastecimiento, albercas y canal de salida), con el equipo multiparamétrico portátil *HI 929829* de *Hanna Instruments*. Los parámetros *in situ* medidos fueron: temperatura (°C), conductividad (μs/cm), pH, oxígeno disuelto (OD) (mg/L), salinidad (psu), turbidez (FNU), resistividad (mΩ·cm), potencial óxido reducción (ORP) (mV) y sólidos totales disueltos (STD) (ppm). Mientras que para los parámetros *ex situ* se usaron kits de *Hach*: nitritos NO_2^- (mg/L) cat. 2107169, nitratos NO_3^- (mg/L) cat. 2107249, fosfatos PO_4^{3-} (mg/L) cat. 2106069, nitrógeno amoniacal NH_3-N (mg/L) cat. 2119449 y sulfatos SO_4^{2-} cat. 2106769; para las mediciones de muestras simples y compuestas. El traslado de las mismas fue a temperatura de 4 °C, posteriormente se analizaron con el espectrofotómetro *DR 3900* de *Hach*. Las muestras simples y compuestas que requirieron un factor de dilución de 1:10 y 1:50 son reportadas con el factor correspondiente multiplicado. El resto de parámetros fisicoquímicos (metales pesados (mg/L), cianuros (mg/L), demanda bioquímica de oxígeno DBO_5 (mg/L), demanda química de oxígeno DQO (mg/L)) y biológicos (huevos de helminto (Huevos/Litro), coliformes (UFC/100 mL)) se enviaron al laboratorio acreditado IDECA, S.A. de C.V. Para evaluar la presencia de metales pesados en manantiales se usó la NOM-127-SSA1-1994, ya que estos suelen usarse para actividades humanas, como lo es el consumo y uso del recurso hídrico y para el río Tula se utilizó la NOM-001-SEMARNAT-1996, que establece los límites permisibles de aguas residuales en aguas y bienes nacionales.

Para describir los tres manantiales dentro de la comunidad en ambas épocas, se midió el caudal con un cronómetro y cubeta, sólo en aquellos cuerpos de agua que fuera posible hacer las mediciones. También se midieron las variaciones de temperatura y se consideraron las características fisicoquímicas. De forma descriptiva se evaluó el patrón de flujo de agua que estos tenían, además de tomar muestras de ribera (algas y plantas) en los tres cuerpos de agua, que fueron analizadas y clasificadas con un microscopio estereoscópico en laboratorio.

En época de estiaje y lluvias se realizó un arrastre con una red 2 m x 1.5 m y un poro de 0.5 cm a lo largo de los tres manantiales. Los ejemplares de peces más representativos se trasladaron en bolsas de plástico con agua del sitio y oxígeno, para ser clasificados en el *Acuario* de la Facultad de Ciencias. Para el río se utilizó una atarraya de los pescadores del lugar y se atarrayó en los dos puntos a lo largo del río, los ejemplares capturados se determinaron en campo y fueron devueltos al río.

Para evaluar la toxicidad de los cuerpos de agua, tanto para los tres manantiales, como para los dos puntos a lo largo del río, se usaron embriones de pez cebra, los cuales se sometieron a cinco concentraciones distintas de agua obtenida de los tres manantiales y dos puntos del río, más un blanco y dos repeticiones. Se obtuvo una *n* de 10 organismos por cada distinta concentración. Las muestras de agua obtenidas en campo fueron refrigeradas hasta su traslado al *Acuario* de la Facultad de Ciencias, las cuales fueron aclimatadas para preparar los bioensayos. Este bioensayo fue del tipo continuo de 96 horas, sin renovación de agua ni alimento, a una temperatura de 27 ± 1 °C. Durante toda la prueba se siguieron los protocolos de bioética.

Para la evaluación de la exposición, se hizo la determinación de metales pesados presentes en el río Tula, mediante la toma de muestras compuestas, las cuales fueron enviadas al laboratorio certificado IDECA S.A. de C.V., con base en los criterios establecidos en la NOM-001-SEMARNART-1996. Posteriormente, se atarrayó en dos puntos del río, para obtener tres peces por punto de muestreo, en especial carpa barrigona, que es la especie de pez que se consume en la comunidad. Se obtuvieron muestras de músculo e hígado de los organismos que fueron preservadas en una hielera a 4 °C. Dichas muestras se analizaron en el laboratorio de la Facultad de Medicina Veterinaria y Zootecnia, con un equipo de absorción atómica *Perkin-Elmer 2380*. Los resultados obtenidos de metales pesados en el medio acuático y en el organismo sirvieron para calcular el Factor de Bioconcentración (FBC), Dosis de Exposición (DE) y el cociente de peligro para la comunidad.

La vulnerabilidad y exposición de la población, se evaluó también mediante encuestas estructuradas, es decir, de sí o no, asignando un valor, con el objetivo de obtener resultados estadísticos y conocer la frecuencia y hábitos alimenticios de la comunidad, el número de preguntas no fue mayor a doce. Del total de la población de "El Alberto" que es un aproximado de 1,000 habitantes, se aplicó la encuesta a los sectores: pescadores, personas que consumen peces y personas que aún realizan alguna actividad dentro del río. En la Figura 14 se observa el esquema general de los pasos a seguir en una Evaluación del Riesgo Ambiental (ERA).

7.1.1 Análisis estadísticos

Los resultados del presente proyecto fueron analizados mediante el empleo de los programas: *RStudio* y *Xlstat*.

En la sección 8.1.2 Análisis fisicoquímicos y biológicos de los cuerpos de agua, se usó el programa *RStudio* para realizar las pruebas estadísticas, análisis de componentes principales (PCA), análisis de conglomerados, así como el método estadístico U de Mann-Whitney (Wilcoxon), *Xlstat* se utilizó para realizar la prueba de Análisis Factorial de Correspondencia (AFC) de los datos fisicoquímicos obtenidos en campo y en laboratorio. En la sección 8.1.3, se realizaron las gráficas de las *Variaciones de la Concentración de Oxígeno (mg/L) de los distintos cuerpos de agua*, mediante el uso de *RStudio*, mientras que las gráficas descriptivas correspondientes a riqueza de géneros y especies se hicieron con el software *Xlstat*.

En la sección 8.2 Evaluación dosis respuesta, se aplicó el estadístico Chi-cuadrada, prueba no paramétrica, para comprobar si existía dependencia o independencia entre las variables de mortalidad y concentración con el programa *RStudio*. Se graficaron además los % de mortalidad vs % de concentración empleando el programa *Xlstat*.

En la sección 8.3 Evaluación de la exposición se utilizó el programa *Xlstat* para hacer los gráficos descriptivos y cálculos de los porcentajes de las encuestas realizadas en la comunidad "El Alberto".

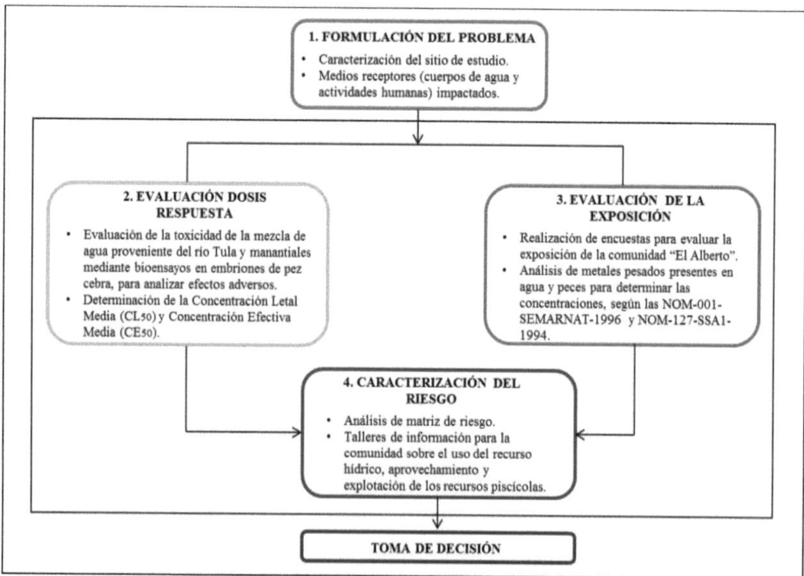

Figura 14. Esquema general de Evaluación del Riesgo Ambiental para la comunidad "El Alberto" y cuerpos acuáticos por impacto del río Tula, debido al vertimiento de aguas negras y descargas industriales.

7.2 Formulación del problema

Los objetivos y metas de esta evaluación fueron la preservación de ambientes dulceacuícolas, como lo son los manantiales de la comunidad y el adecuado aprovechamiento del recurso hídrico establecidos en la Ley General de Equilibrio Ecológico y Protección al Ambiente (LGEEPA), la conservación de las especies amenazadas encontradas en los sitios de estudio, según la NOM-059-SEMARNAT-2010, así como la posible exposición de los habitantes de la comunidad a metales pesados, teniendo como base los lineamientos de la NOM-127-SSA1-1994.

La primera parte de la evaluación del riesgo consistió en realizar el análisis de contexto, es decir los medios receptores, en este caso los cuerpos de agua y actividades humanas de la comunidad "El Alberto", que se encuentran involucrados o se ven impactados por el uso de aguas fuertemente contaminadas provenientes del río Tula, debido a las continuas descargas industriales y municipales que se vierten al río. Para ello fue necesario realizar la descripción de los ambientes y hacer la caracterización de calidad del agua de los manantiales, balneario, la porción del río Tula situada dentro de la comunidad y de la presa Endhó, así como las especies encontradas *in situ*, para evaluar los cambios ocasionados por el vector (ingreso de aguas contaminadas o agentes contaminantes).

Los peligros relacionados con la contaminación de los ambientes acuáticos, según la Agencia de Protección Ambiental (EPA), son: reducción de oxígeno para las especies acuáticas, pérdida de la biodiversidad, proliferación de especies resistentes, desequilibro ecológico, entre algunas más. Mientras que los peligros asociados a la contaminación del agua en poblaciones humanas con alto grado de marginación (Ávila García, 2008), con base en la Organización Mundial de la Salud (OMS) son: transmisión de enfermedades de cólera, diarrea, disentería, hepatitis A, fiebre tifoidea, poliomielitis, entre otras. El 80% de las enfermedades del mundo están relacionadas con problemas del recurso hídrico.

7.3 Evaluación dosis respuesta

La segunda parte del estudio consistió en realizar la evaluación de dosis respuesta en embriones de pez cebra (*Danio rerio*), para valorar la toxicidad de la mezcla de agua procedente del río Tula y los manantiales cercanos a este y tener con ello una estimación de los posibles efectos adversos que pueda tener sobre la fauna acuática.

Para realizar las pruebas de bioensayos en embriones de *Danio rerio*, fue necesario colectar muestras simples de agua en campo, a través del uso de bidones de 20 L de volumen. Las muestras se tomaron de los puntos más representativos de los afluentes y de manera superficial, ya que en general son cuerpos de agua muy someros. Estos fueron: *Río Tula* (en dos sitios dentro de la comunidad)*, Manantial a lado del río-1, Manantial Casa de Mario-2* y *Manantial Obra de Toma-3*, dichas muestras se preservaron a 4 °C hasta su aclimatación, para los experimentos en laboratorio.

Los bioensayos fueron del tipo estático, sin renovación de la solución ni alimento, se ajustó la concentración de oxígeno a 5 mg/L (concentración inicial de OD de las muestras < 2.5 mg/L) y a una temperatura de 27 ± 1 °C, el experimento tuvo una duración total de 96 horas, por lo tanto, la exposición fue del tipo aguda. En la siguiente Figura 15, se muestra las adecuaciones que se hicieron durante el experimento en laboratorio.

Figura 15. Peceras con matraces de 125 mL, adecuando oxígeno y una temperatura de 27 ° ± 1 °C.

Antes de realizar los bioensayos con las concentraciones definitivas se realizaron ensayos preliminares o pruebas piloto para determinar la toxicidad de la sustancia o de los afluentes. Los tratamientos fueron dos: uno usando agua de la localidad y agua del laboratorio y otro sin diluir, es decir al 100% con series geométricas con un factor de dos, esto sirve para tener un preliminar de las concentraciones cuando se desconoce, como en este caso, la toxicidad de las muestras a evaluar. Para las pruebas se determinó la Concentración Letal Media (CL_{50}), así como la Concentración Efectiva Media (CE_{50}), en los sujetos de estudio, en laboratorio. Lo registros se realizaron cada 24 horas (ver Anexo B), considerando CL_{50} y CE_{50}. Los protocolos que se siguieron para los experimentos fueron los establecidos en: *Ensayos toxicológicos para la evaluación de las sustancias químicas en agua y suelo*, por la Secretaría de Medio Ambiente y Recursos Naturales (SEMARNAT) y el Instituto Nacional de Ecología (INECC), guía de la OECD para la prueba de sustancias tóxicas y ZFET (por sus siglas en inglés) prueba de toxicidad en embriones de pez cebra.

Al inicio de las pruebas se midieron los siguientes parámetros fisicoquímicos: pH, oxígeno disuelto (OD), conductividad (µs/cm) y salinidad del agua (psu). En la Tabla 7 se indican el número de concentraciones, replicas, efectos medidos, número de organismos y volumen de los recipientes.

Tabla 7. Diseño experimental para bioensayos con embriones de *Danio rerio* para los distintos cuerpos de agua monitoreados, manantiales y río Tula.

[Concentración]	100%			50%			25%			13%			6.50%			Testigos	Total
Repeticiones	1	2	3	1	2	3	1	2	3	1	2	3	1	2	3	5	200
Efecto medido	**Efectos en el desarrollo embrionario y mortalidad.**																
Organismos por réplica	10	10	10	10	10	10	10	10	10	10	10	10	10	10	10	50	200
Volumen de prueba (mL)	125	125	125	125	125	125	125	125	125	125	125	125	125	125	125	625	2500

*El diseño experimental se aplica para cada cuerpo de agua

Previamente los embriones se obtuvieron del *Acuario* de la Facultad de Ciencias, UNAM, de los peces progenitores (*Danio rerio*), los cuales estuvieron a una temperatura de 25 °C, con alimento y en condiciones de luz controladas, 14 h de luz y 10 h de oscuridad. Antes de cada bioensayo (aproximadamente 24 h), se colocó una red de maternidad con un diámetro de 2 mm, en las primeras horas de luz y se colectaron los embriones de pez mediante sifoneo. Para cada bioensayo se escogieron sólo aquellos embriones viables y de no más de 2 horas de post fertilización. Estos fueron observados con el microscopio estereoscópico *Olympus TL2* con un aumento de 4x.

7.4 Evaluación de la exposición

Para evaluar la exposición y vulnerabilidad de la comunidad hñähñú "El Alberto" por ingesta de productos piscícolas y actividades recreativas relacionadas al río Tula y metales pesados, según las normas NOM-001-SEMARNART-1996 y la NOM-127-SSA1-1994, se realizó una encuesta evaluativa, de forma personal, estructurada cerrada o de respuestas múltiples (ver Anexo E). A los siguientes sectores: pescadores, personas que consumen peces y personas que aún realizan alguna actividad dentro del río.

La comunidad otomí "El Alberto" consta de 834 personas (INEGI, 2010), por lo que el tamaño de la muestra se seleccionó con la siguiente ecuación estadística *(1)*:

$$n = \frac{Z_\alpha^2 N \sigma^2}{e^2 (N-1) + Z_\alpha^2 \sigma^2} \qquad (1)$$

Donde N es el tamaño total de la población, Z_α es el nivel de confianza, que para este estudio fue del 95%, equivalente a 1. 65, e es el error (10%), para la desviación estándar σ^2 se consideró un valor de 0.5. Por lo que el tamaño de la muestra fue de 87 individuos para la comunidad.

Adicionalmente, se calculó el factor de bioconcentración (FBC), (Geyer, Scheunert, & Korte, 1986), para metales pesados que se encontraron en concentraciones más altas en el agua, ver la ecuación *(2)*:

$$FBC = \frac{conc.\ en\ órgano\ (\frac{mg}{kg})}{conc.\ en\ el\ medio\ (\frac{mg}{L})} \qquad (2)$$

A continuación, se muestran las ecuaciones para calcular la dosis de exposición (DE) *(3)* y *(4)*, con base en la Agencia para Sustancias Tóxicas y el Registro de Enfermedades (ATSDR), para saber la ingesta diaria de metales pesados de la comunidad "El Alberto", por consumo de pescado del río Tula. La DE se comparó con las dosis de referencia (DRf) que establecen la Organización Mundial de la Salud (OMS) y la Agencia de Protección al Ambiente de los EUA (USEPA).

$$DE = \frac{C \times TI \times FE}{PC} \qquad (3)$$

Donde, *DE* es Dosis de Exposición, *C* Concentración del contaminante en el medio, *TI* Tasa de ingreso (ingesta, inhalación, etc.) del medio contaminado, *FE* Factor de exposición y *PC* peso corporal. El *FE* se obtiene mediante la siguiente ecuación *(4)*:

$$FE = \frac{Núm.de\ días\ de\ exposición\ por\ año \times Núm.de\ años\ de\ exposición}{días\ por\ año \times años\ de\ exposición} \qquad (4)$$

Con el cálculo de DE, y el DRf establecidos para determinadas sustancias a la cuales pueden estar expuestas una población, se pueden calcular también los valores de cociente de peligrosidad, el cual indica el potencial de efectos no-cancerígenos (USEPA, 2017) y se calcula mediante la ecuación *(5)*:

$$Cociente\ de\ Peligro = \frac{DE}{DRf} \qquad (5)$$

Cuando se tienen valores menores o cercanos a uno, indica que es poco probable que se presente un efecto adverso, aunque si el valor es mayor a uno entonces existe el peligro de que potencialmente se presenten efectos no cancerígenos.

7.5 Caracterización del riesgo

7.5.1 Estimación del riesgo y comunicación del riesgo

Con la información, datos y resultados obtenidos se pretende realizar los escenarios probables para estimar el riesgo ambiental e informar a la población mediante talleres las acciones necesarias para la prevención y la explotación de los recursos piscícolas, así como del monitoreo, aprovechamiento y adecuado manejo del recurso hídrico.

7.5.2. Estimación de riesgos para los distintos escenarios

Con base en la norma ISO 14001, *Environmental Management System (EMS)*, (Norma de Gestión Ambiental), la UNE 150008 *Análisis y Evaluación del riesgo ambiental* y la *Guía técnica sobre evaluación de riesgos* de la Comisión Europea se asignaron a los sucesos una posibilidad o frecuencia (Tabla 8).

Tabla 8. Puntuación otorgada a la probabilidad o frecuencia de un suceso

Probabilidad o frecuencia		Puntuación
< 1 vez/mes	Muy probable	5
41 vez/mes – 1 vez/año	Altamente probable	4
1 vez/año – 1 vez/10 años	Probable	3
1 vez/10 años – 1 vez/50 años	Posible	2
> 1 vez/50 años	Improbable	1

Recuperado de ISO 14001 (2004), UNE 150008 (2008).

Para la estimación de la gravedad de las consecuencias y los daños de los diferentes escenarios que se plantearon, para el entorno natural, humano y socioeconómico se usaron las ecuaciones que se plantean en esta norma (Tabla 9).

Tabla 9. Fórmulas para la estimación de la gravedad de las consecuencias y daños para el entorno natural, humano, y socioeconómico.

Cantidad	+2 x peligrosidad	+ extensión	+ calidad del medio	= gravedad sobre el entorno natural
Cantidad	+2 x peligrosidad	+ extensión	+ población afectada	= gravedad sobre el entorno humano
Cantidad	+2 x peligrosidad	+ extensión	+ patrimonio y capital productivo	= gravedad sobre el entorno socioeconómico

Recuperado de ISO 14001 (2004), UNE 150008 (2008).

También se usaron los criterios de valoración de las consecuencias con una puntuación del 1 al 4 (Tabla 10).

Tabla 10. Criterios para valoración de las consecuencias según la cantidad, peligrosidad, extensión y receptores.

Cantidad			Peligrosidad		
4	Muy alta	> 500 tm*	4	Muy peligrosa	Muy inflamable Muy tóxica Causa efectos irreversibles inmediatos
3	Alta	50 – 500 tm	3	Peligrosa	Explosivas Inflamables Corrosivas
2	Poca	5 – 49 tm	2	Poco peligrosa	Combustibles
1	Muy poca	< 5 tm	1	No peligrosa	Daños leves y reversibles
Extensión			**Receptores**		
4	Muy extenso	Radio > 1 km	4	Muy alto	Más de 100 personas
3	Extenso	Radio < 1 km	3	Alto	Entre 50 y 100 personas
2	Poco extenso	Emplazamiento	2	Bajo	Entre 5 y 50 personas
1	Puntual	Área afectada	1	Muy bajo	Menos de 5 personas

Recuperado de ISO 14001 (2004), UNE 150008 (2008) / tm = tonelada métrica.

Finalmente, se realizó la valoración de la gravedad de las consecuencias con las siguientes escalas observadas en la Tabla 11.

Tabla 11. Escala de valoración de la gravedad de las consecuencias.

	Valoración	**Valor asignado**
Crítico	Entre 20 - 18	5
Grave	Entre 17 - 15	4
Moderado	Entre 14 - 11	3
Leve	Entre 10 - 8	2
No relevante	Entre 7 - 5	1

Recuperado de ISO 14001 (2004), UNE 150008 (2008).

7.5.3 Estimación del riesgo ambiental

Después de realizar la estimación de riesgos para los diferentes escenarios predichos, se puede calcular la estimación del riesgo ambiental con la ecuación *(6)*:

$$Riesgo = Probabilidad \times Gravedad\ de\ las\ consecuencias \qquad (6)$$

Obteniendo valores de riesgo para el entorno natural, humano y socioeconómico. De acuerdo a la puntuación el riesgo se puede valorar de la siguiente manera (Tabla 12):

Tabla 12. Valoración del riesgo con relación a la puntuación obtenida en cada escenario.

Riesgo muy alto: 21 a 25	
Riesgo alto: 16 a 20	
Riesgo medio: 11 a 15	
Riesgo moderado: 6 a 10	
Riesgo bajo: 1 a 5	

Capítulo 8

RESULTADOS

8.1 Caracterización del sitio de estudio

8.1.1 Localización geográfica de los puntos de muestreo

A continuación, en la Figura 16 se muestran las diferentes ubicaciones de los sitios de estudio, los cuales son: dos puntos del río Tula (*entrada* y *salida*), tres manantiales (*Manantial a lado del río-1*, *Manantial Casa de Mario-2* y *Manantial Obra de Toma-3*), tres puntos del balneario (*Abastecimiento, Albercas* y *Canal de Salida*) dentro de la comunidad y un punto más fuera de la localidad, que es el sitio que representa a la *presa Endhó*. Esta presa se considera como la fuente origen, por ser la receptora de las aguas negras provenientes de la Ciudad de México y donde las mismas, finalmente se distribuyen a través de los distintos distritos de riego para su empleo en la agricultura y otros usos. La comunidad "El Alberto" pertenece al distrito número 003.

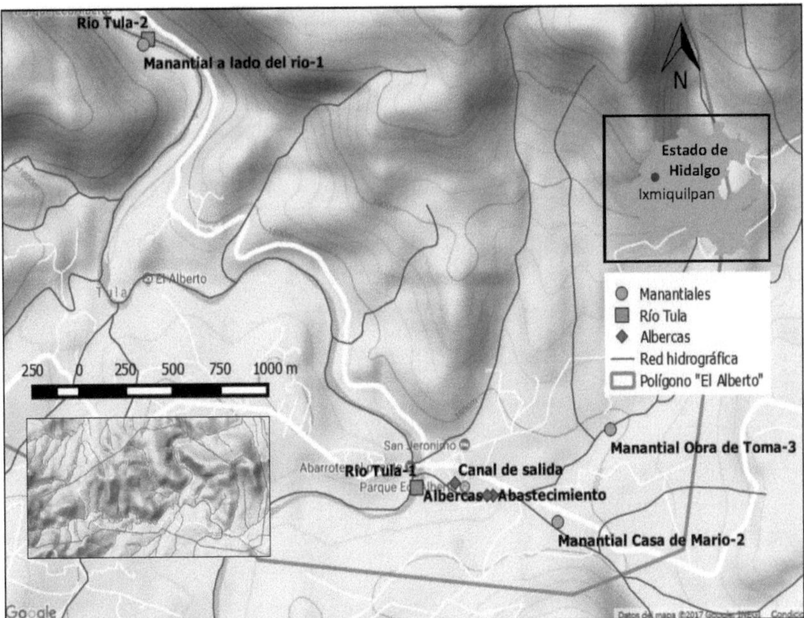

Figura 16. Ubicación de los diferentes sitios de muestreo en la comunidad hñähñú "El Alberto" Ixmiquilpan-Hidalgo. Realizado con el programa Qgis 2.18.9.

En la Figura 17 se localiza el sitio de estudio que se encuentra fuera de la comunidad, *Presa Endhó*.

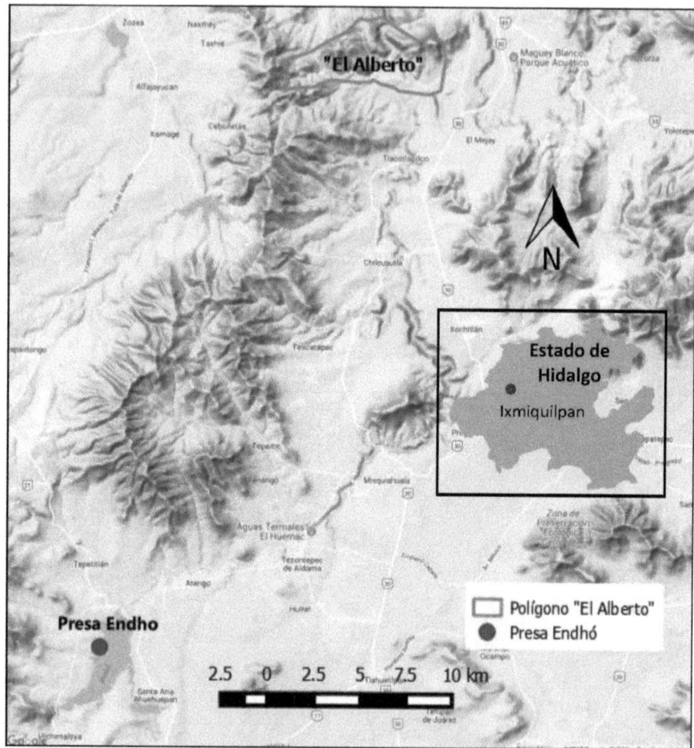

Figura 17. Ubicación de la presa Endhó y la comunidad hñähñú "El Alberto", Ixmiquilpan-Hidalgo. Realizado con el programa Qgis 2.18.9.

8.1.2 Análisis fisicoquímicos y biológicos de los cuerpos de agua

Para época de estiaje y lluvias se hicieron análisis fisicoquímicos del agua con base en las leyes y normas mexicanas para la protección a la vida acuática, para los sitios de muestreo: Manantial a lado del río-1, Manantial Casa de Mario-2, Manantial Obra de Toma-3 y río Tula en ambos puntos, los resultados se observan en la Tabla 13.

Tabla 13 . Caracterización fisicoquímica de los manantiales (muestras simples) y río Tula (muestras compuestas). Las muestras compuestas fueron tratadas con un factor de dilución 1:10, en época de estiaje y lluvias, los datos son medias de tres réplicas en campo y tres réplicas en laboratorio.

Sitio de muestreo	Manantial a lado del río-1		Manantial Casa de Mario-2		Manantial Obra de Toma-3		Río Tula		Límites permisibles[1-3]
Época / Parámetros	Estiaje	Lluvias	Estiaje	Lluvias	Estiaje	Lluvias	Estiaje	Lluvias	
Temperatura (°C)	30.37	28.40	27.19	26.39	25.01	23.78	26.77	21.38	C.N. + 1.5[1], 40[2]
pH	7.90	7.64	7.49	7.47	7.58	7.34	7.48	8.05	6.5-8.5[1,3], 5-10[2]
ORP(mV)	281.61	56.03	208.85	108.68	216.30	103.47	74.20	82.98	-
EC(μS/cm)	641	765.25	1090.50	1028.25	1318	1245	761.67	1194.88	-
RES (Ohm-cm)	1732.67	1306.75	918	972.75	759	803.33	1313.33	6329.63	-
TDS (ppm)	320.67	382.75	545.50	514	659	622.33	380.67	597.50	1000[3]
Salinidad (psu)	0.31	0.37	0.54	0.51	0.66	0.62	0.37	0.60	-
Presión atmosférica (atm)	0.82	0.82	0.81	0.81	0.81	0.81	0.81	0.82	-
D.O.(mg/L)	5.52	4.55	4.08	3.64	4.55	2.03	1.51	4.39	5.0[1](mínimo)
Turbidez (FNU)	3.13	164.33	2.25	7.03	4.90	104.97	12	35.99	-
PO$_4$³⁻ mg/L (Fósforo reactivo 0 a 2.5 mg/L)	0.71	1.28	1.23	1.52	1.36	1.91	6.37*	16.43*	-
NO²⁻ mg/L (0.03 mg/L N de NO^{2-})	0.01	0.0035	0.009	0.007	0.054*	0.018	0.032*	0.37*	1.00[3]
NO³⁻ mg/L (0 a 30 mg/L N de NO^{3-})	0.09	0.35	2	0.35	3.6	0.35	15.183	0.73	10[3]
NH$_3$-N mg/L (0.05 mg/L N de NH$_3$)	0.16	0.335	0.09	0.15	0.24	0.125	0.6*	8.55*	0.6[1], 0.50[3]

ORP=Potencial de Óxido Reducción / EC=Conductividad Eléctrica / RES=Resistividad Eléctrica / D.O.=Oxígeno Disuelto / TDS=Total de Sólidos Disueltos / C.N.= Condiciones Naturales del sitio donde sean vertidas las aguas residuales / [1] Ley Federal de Derechos, Disposiciones Aplicadas en Materia de Aguas Nacionales (Protección a la vida acuática), [2] NOM-001-SEMARNAT-1996 y [3] NOM-127-SSA1-1994 / * Muestras diluidas y multiplicadas con un factor 1:10.

Para comparar ambas épocas del año (estiaje y lluvias) de los sitios de muestreo analizados (Tabla 13), se aplicaron los métodos estadísticos U de Mann-Whitney (Wilcoxon) y el Análisis Factorial de Correspondencia (AFC). Para la prueba U de Mann-Whitney (Wilcoxon), el sitio de estudio, Manantial a lado del río-1 obtuvo una *p* de 0.762, en el caso del Manantial casa de Mario-2 la *p* resultante fue de 0.880, para el Manantial Obra de Toma-3 se obtuvo una *p* de 0.866 y para el río Tula el valor de *p* fue de 0.685, para los cuatro casos el alfa empleada fue de (0.05) con un intervalo de confianza de 95%. Por lo tanto, para todos los sitios de estudio no se encontraron diferencias estadísticamente significativas entre ambas épocas. A continuación, se muestran los gráficos obtenidos del AFC (Figura 18).

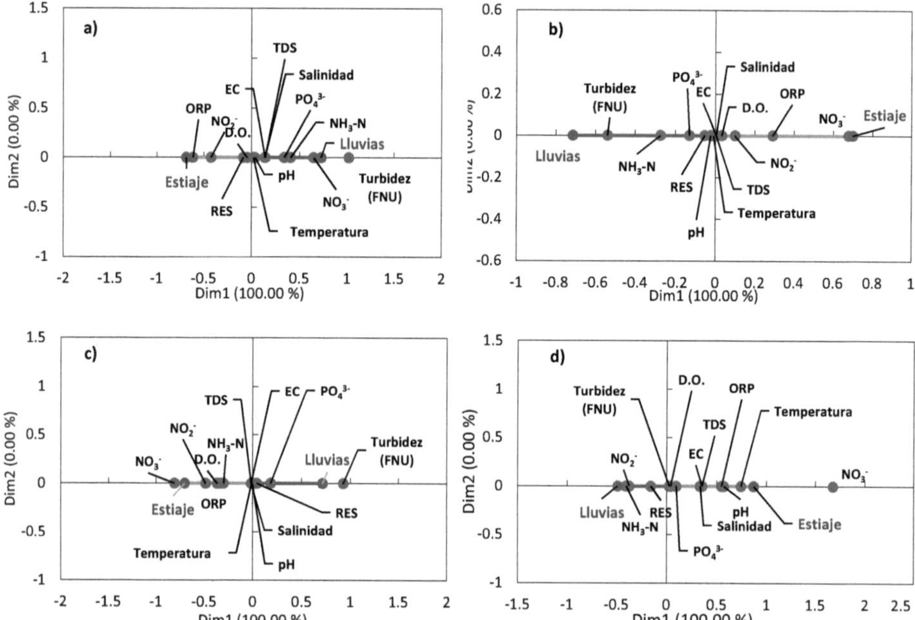

Figura 18. Análisis Factorial de Correspondencia (AFC), para estiaje y lluvias, de los sitios de estudio: a) Manantial a lado del río-1, b) Manantial Casa de Mario-2, c) Manantial Obra de Toma-3 y d) Río Tula, Ixmiquilpan-Hidalgo.

Los resultados de las pruebas de independencia de Chi-cuadrada del AFC, para los cuatro sitios de muestreo mostraron una *p* de 0.0001, con un alfa de 0.05 y un intervalo de confianza del 95%. Por lo tanto, están fuertemente relacionadas las variables estudiadas para ambas épocas, de los lugares de estudio.

Para época de lluvias se hicieron también análisis fisicoquímicos y además biológicos del agua, con base en las leyes y normas mexicanas para la protección a la vida acuática, consumo y uso humano de agua potable para los sitios de muestreo (Tabla 14).

Tabla 14. Caracterización fisicoquímica y biológica de los manantiales (muestras simples) y río Tula (muestras compuestas), en época de lluvias, considerando la NOM-127-SSA1-1994 (uso y consumo de agua potable para uso humano) para manantiales.

Sitio de muestreo / Parámetros	Manantial a lado del río-1	Manantial Casa de Mario-2	Manantial Obra de Toma-3	Río Tula	L.D.	Límites permisibles[1-3]
Arsénico (mg/L)	0.0021	0.0036	0.0018	0.0047	0.0001	0.2[1], 0.1-0.2[2], 0.025[3]
Cadmio (mg/L)	< 0.003	< 0.003	< 0.003	< 0.003	0.003	0.004[1], 0.1-0.2[2], 0.005[3]
Cobre (mg/L)	< 0.020	< 0.020	< 0.020	0.034	0.02	0.05[1], 4.0-6.0[2], 2.0[3]
Cromo (mg/L)	< 0.005	< 0.005	< 0.005	< 0.005	0.005	0.05[1], 0.5-1.0[2], 0.05[3]
Mercurio (mg/L)	0.0004	0.0005	0.0010	0.0001	0.0001	0.0005[1], 0.005-0.01[2], 0.001[3]
Níquel (mg/L)	< 0.030	< 0.030	< 0.030	< 0.030	0.030	0.6[1], 2-4[2], 0.02[3]
Plomo (mg/L)	< 0.010	0.030	0.025	0.028	0.010	0.03[1], 0.2-0.4[2], 0.01[3]
Zinc (mg/L)	0.043	0.025	0.044	0.215	0.001	0.02[1], 10-20[2], 5[3]
Cianuros (mg/L)	< 0.004	0.032	< 0.004	0.011	0.004	0.005[1], 0.1-0.2[2], 0.07[3]
DQO (mg/L)	70	< 10	< 10	36	10	-
DBO$_5$ (mg/L)	< 2	< 2	< 2	17	2	30-60[2]
Huevos de helminto totales (Huevos/Litro)	< 1	< 1	< 1	< 1	1	1-5[2]
Huevos de helminto viables (Huevos/Litro)	< 1	< 1	< 1	< 1	1	-
Coliformes Totales (UFC/100 mL)	0	12	13	0	1	1000[1], 1000-2000[2], 0[3]

DQO= Demanda Química de Oxígeno /DBO$_5$= Demanda Bioquímica de Oxígeno / UFC= Unidades Formadoras de Colonias/ C.N.= Condiciones Naturales del sitio donde sean vertidas las aguas residuales / [1]Ley Federal de Derechos, Disposiciones Aplicadas en Materia de Aguas Nacionales (Protección a la vida acuática), [2]NOM-001-SEMARNAT-1996 y [3]NOM-127-SSA1-1994 (manantiales). / L.D. = Límite de Detección.

Para evaluar los parámetros fisicoquímicos de los diferentes sitios de estudio (Tabla 14), se aplicó un Análisis de Componentes Principales (ACP). El ACP permite comprender y reducir la relación entre las variables estudiadas y los cuerpos de agua, ya que agrupa los parámetros con mayor diferencia significativa en componentes principales (CP).

Del ACP se obtuvieron tres componentes principales, cada grupo representa los parámetros con menos variaciones de las muestras. El primer CP está formado por cobre, DBO$_5$, zinc, arsénico y plomo, el segundo por cianuros, coliformes totales y arsénico y el tercero por mercurio, zinc, DBO$_5$ y cobre (Tabla 15). La representación gráfica se observa en la Figura 19. Entre más distantes se encuentren las variables menor correlación presentan, por el contrario, si se ubican más cercanas, representan una mayor correlación o similitud. Para el caso de los cuerpos de agua (manantiales y río Tula), la calidad del agua es semejante entre los puntos Río Tula-Manantial a lado del río 1 y Manantial obra de toma 3-Manantial casa de Mario 2.

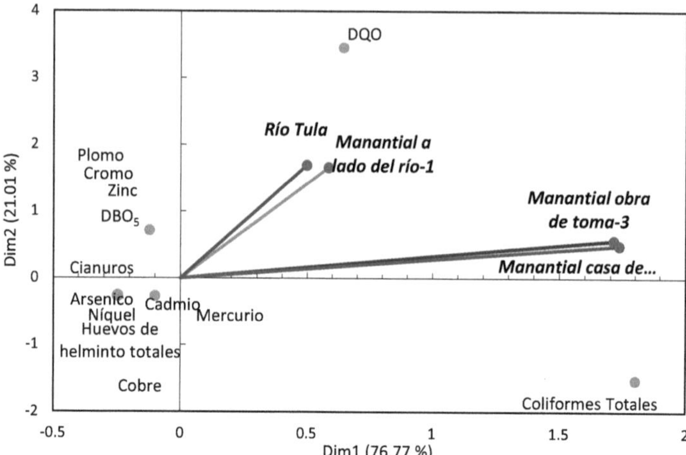

Figura 19. Representación gráfica del método estadístico Análisis de Componentes Principales (PCA) para los parámetros fisicoquímicos (Tabla 14), de los sitios de estudio: *Manantial a lado del río-1, Manantial Casa de Mario-2, Manantial Obra de Toma-3* y *río Tula*, "El Alberto", Ixmiquilpan-Hidalgo.

Tabla 15. Resultados significativos del análisis de componentes principales (ACP) de los diferentes sitios de estudio de la comunidad "El Alberto", Ixmiquilpan-Hidalgo.

	CP1	**CP2**	**CP3**
DBO$_5$	0.962	0.132	0.241
Cobre	0.962	0.132	0.241
Zinc	0.950	0.061	0.308
Mercurio	-	0.143	0.460
Arsénico	0.842	0.479	-
Coliformes Totales	-	0.670	0.147
Plomo	0.971	0.196	0.136
DQO	0.300	-	-
Cianuros	-	0.734	-

CP = Componente Principal

A su vez se realizaron análisis fisicoquímicos y biológicos de la presa Endhó, durante época de lluvias, con la finalidad de tener un monitoreo de la calidad del agua, tanto del punto de origen (donde sale), como dentro de la comunidad (donde llega). Los resultados se observan en la Tabla 16.

Tabla 16. Parámetros fisicoquímicos y biológicos de la presa Endhó (muestra simple), en la cual se usó un factor de dilución 1:50, durante época de lluvias, los datos son medias de tres réplicas en campo y tres réplicas en laboratorio.

Parámetros	Presa Endhó	L.D.	Límites permisibles[1-2]
PO$_4^{3-}$ mg/L (Fósforo reactivo 0 a 2.5 mg/L)	35.83*	-	-
NO^{2-} mg/L (0.03 mg/L N de NO$^{2-)}$)	0.007*	-	-
NO^{3-} mg/L (0 a 30 mg/L N de NO^{3-})	0.83	-	-
NH$_3$-N mg/L (0.05 mg/L N de NH$_3$)	56.33*	-	0.6[1]
SO$_4^{2-}$ mg/L (2 a 70 mg/L de SO$_4$)	37.66	-	250[1.1]
Huevos de helminto totales (Huevos/L)	< 1	1	1-5[2]
Huevos de helminto viables (Huevos/L)	< 1	1	-
Temperatura (° C)	17.66	-	C.N. + 1.5[1], 40[2]
pH	7.67	-	6.5-8.5[1], 6.0-9.0[1.1], 5-10[2]
ORP(mV)	-309.07	-	-
EC(µS/cm)	1270.67	-	-
RES(Ohm-cm)	786.67	-	-
Presión atmosférica (atm)	0.77	-	-
TDS (ppm)	635.33	-	500 [1.1]
Salinidad (psu)	0.64	-	-
D.O.(mg/L)	1.71	-	5.0[1](mínimo)
Turbidez (FNU)	51.07	-	
Arsénico (mg/L)	0.0055	0.0001	0.2[1], 0.1[1.1],0.2-0.4[2]
Cadmio (mg/L)	< 0.003	0.003	0.004[1], 0.01[1.1], 0.2-0.4[2]
Cobre(mg/L)	< 0.010	0.02	0.05[1], 0.2[1.1], 4.0-6.0[2]
Cromo(mg/L)	< 0.005	0.005	0.05[1], 0.1[1.1],1-1.5[2]
Mercurio(mg/L)	0.0003	0.0001	0.0005[1],0.01-0.02[2]
Níquel(mg/L)	< 0.020	0.030	0.6[1], 0.2[1.1],2-4[2]
Plomo (mg/L)	< 0.010	0.010	0.03[1],0.5[1.1],0.5-1[2]
Zinc(mg/L)	0.171	0.001	0.02[1], 0.2[1.1],10-20[2]
DQO (mg/L)	29	10	75-150[2]

ORP=Potencial de Óxido Reducción / EC=Conductividad Eléctrica / RES=Resistividad Eléctrica / D.O.=Oxígeno Disuelto / TDS=Total de Sólidos Disueltos /DQO = Demanda Química de Oxígeno Disueltos / C.N.= Condiciones Naturales del sitio donde sean vertidas las aguas residuales / Ley Federal de Derechos, Disposiciones Aplicadas en Materia de Aguas Nacionales ([1]Protección a la vida acuática y [1.1]riego), [2]NOM-001-SEMARNAT-1996 (Uso de riego agrícola) / * Muestras diluidas y multiplicadas con un factor 1:50. / L.D. = Límite de Detección.

Para estudiar la relación que existe entre las diferentes variables fisicoquímicas de los cuerpos de agua, presa Endhó y río Tula, se aplicó la técnica estadística Análisis Factorial de Correspondencia (AFC), para evaluar con ello, si existe un proceso de atenuación natural después de los 64 km que separa los sitios de muestreo (Figura 20). El test de independencia de Chi-cuadrada muestra un valor observado de 1506.698 y un valor crítico de 32.671, con un alfa de 0.05 y 21 grados de libertad, el valor que se obtuvo para p es de 0.0001, como es menor al nivel de significancia de alfa, podemos rechazar la hipótesis de que son independientes.

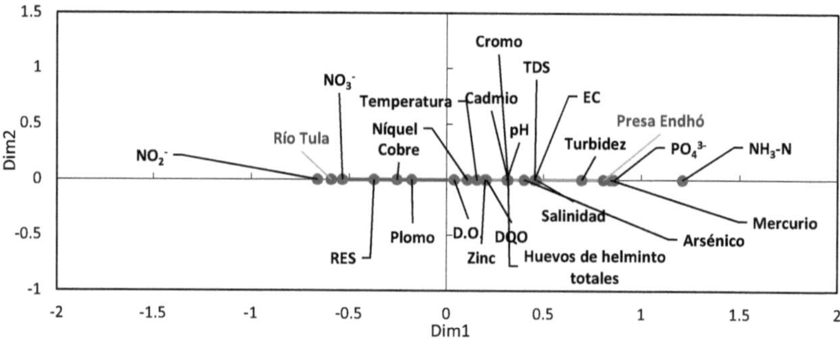

Figura 20. Análisis Factorial de Correspondencia (AFC) para los sitios de estudio Presa Endhó y río Tula.

Se realizaron análisis fisicoquímicos del agua de las albercas y el manantial que abastecen las mismas, así como su salida en el momento de ser desalojada. Esto para comprobar su calidad y ver si existe riesgo para la comunidad, turistas y fauna acuática que interactúan con los mismos (Tabla 17).

Tabla 17. Caracterización fisicoquímica del manantial que abastece las albercas de la comunidad, así como la calidad en el momento de su salida (muestras simples), en época de lluvias, los resultados son medias de tres réplicas en campo.

Parámetros	Abastecimiento	Albercas	Canal de Salida	L.D.	Límites permisibles[1-2]
Temperatura (°C)	39.61	32.00	29.76	-	C.N. + 2.5[1]
pH	7.03	7.40	7.86	-	6.0-9.0[1], 6.5-8.5[2]
ORP(mV)	69.1	89.98	159.2	-	-
EC(µS/cm)	1121	1223	1187.66	-	50-500[2]
RES (Ohm-cm)	891.66	817.8	842	-	-
TDS (ppm)	561	611.6	593.66	-	500[1], 1000[2]
Salinidad (psu)	0.54	0.60	0.58	-	< 0.5[1]
Presión atmosférica (atm)	0.81	0.81	0.81	-	-
D.O.(mg/L)	1.1	1.26	1.5	-	4.0[1] (mínimo)
Turbidez (FNU)	0.16	0	1.46	-	10[1]
DQO (mg/L)	<10	<10	<10	10	-
Arsénico (mg/L)	0.0010	0.0016	0.0025	0.0001	0.05[1], 0.025[2]
Mercurio (mg/L)	0.0004	0.0004	0.0003	0.0001	0.001[1,2]
Coliformes totales (UFC/100 mL)	0	0	0	1	0[2]

ORP=Potencial de Óxido Reducción / EC=Conductividad Eléctrica / RES=Resistividad Eléctrica / D.O.=Oxígeno Disuelto / TDS=Total de Sólidos Disueltos /DQO = Demanda Química de Oxígeno Disueltos / C.N.= Condiciones Naturales del sitio donde sean vertidas las aguas residuales / [1] Ley Federal de Derechos, Disposiciones Aplicadas en Materia de Aguas Nacionales (Fuente de abastecimiento para uso público urbano) y [2]NOM-127-SSA1-1994 / L.D.= Límite de Detección.

Para analizar la similitud en los diferentes momentos del agua, es decir, desde su abastecimiento, albercas y finalmente canal de salida, se realizó un análisis de conglomerados con base en la caracterización fisicoquímica (Figura 21).

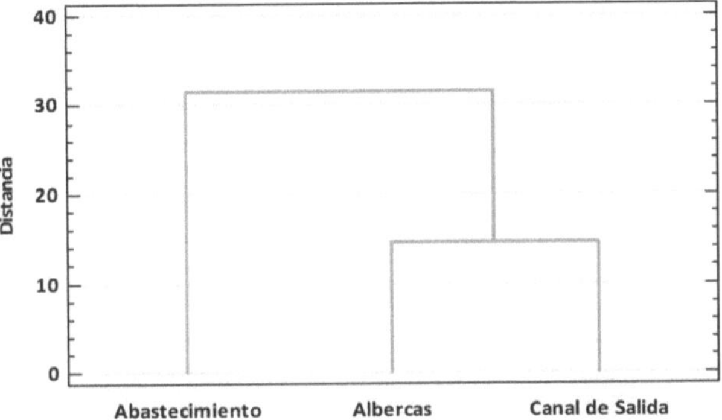

Figura 21. Dendrograma, método vecino más lejano, con relación a los parámetros fisicoquímicos de los sitios de estudio, abastecimiento, albercas y canal de salida, de la comunidad "El Alberto", Ixmiquilpan-Hidalgo.

8.1.3 Descripción de los manantiales y río Tula

Los manantiales se describieron según sus características fisicoquímicas y de difusión: *Manantial a lado del río-1, Manantial Casa de Mario-2* y *Manantial Obra de Toma-3*. Según la clasificación de Schoeller (1962), son del tipo hipotermales, de uso no energético (Korim, 1994), con reacción alcalina (Karakolev, 1994), por su difusión (Steinman, 1915) helocrenos *Manantial a lado del río-1* y *Manantial Obra de Toma-3* (surgencia de agua difusa que forma humedales y posteriormente ríos o arroyos), limnocreno *Manantial Casa de Mario-2* (el punto de descarga se encuentra en la base de una poza). Las medidas de profundidad, ancho y longitud para representar la batimetría de los manantiales, fueron elaboradas con el programa Surfer 14 (Figura 22), únicamente para época de estiaje. En la Tabla 18 se realizó una comparación del caudal y superficie para ambas épocas.

Durante la noche y día se monitorearon los parámetros fisicoquímicos de los cuerpos de agua, tanto los tres manantiales aledaños al río Tula, como dos puntos del mismo. Esto con la finalidad de analizar las variaciones de oxígeno durante un período de 24 h y encontrar las concentraciones más bajas de oxígeno disuelto, para comprobar si existía el fenómeno de anoxia o hipoxia, esto a su vez se encuentra fuertemente relacionado con la diversidad de especies acuáticas, así como su mortalidad. Los resultados obtenidos se observan en la Figura 23. También se consideraron aspectos biológicos, estructura vegetal, especies de peces y géneros de algas (Tabla 19).

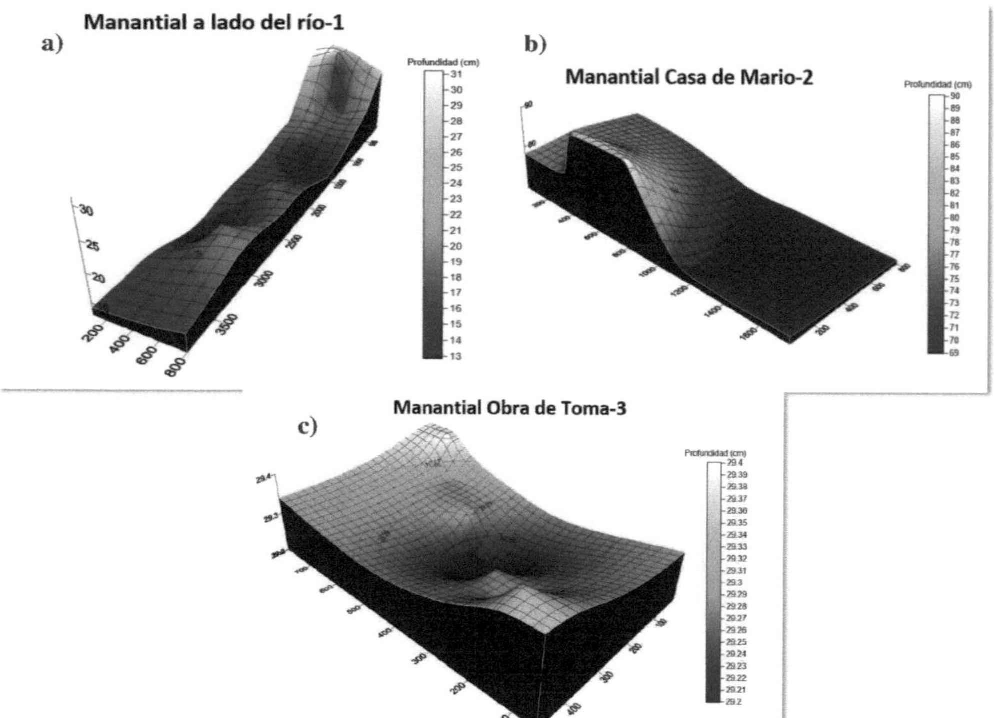

Figura 22. Batimetría de los cuerpos de agua: a) *Manantial a lado del río-1*, b) *Manantial Casa de Mario-2* y c) *Manantial Obra de Toma-3*, para época de estiaje, "El Alberto", Ixmiquilpan-Hidalgo. Realizado con el programa Surfer 14.

Tabla 18. Características físicas de los cuerpos de agua: Manantial a lado del río-1, Manantial Casa de Mario-2, Manantial Obra de Toma-3 y río Tula, las medidas son resultados de medias de siete repeticiones en campo para ambas épocas: estiaje y lluvias. La longitud del río Tula se obtuvo mediante el uso del programa QGis 2.18.9, la transparencia se midió con un disco secci *in situ*.

Sitio de muestreo	Manantial a lado del río-1		Manantial Casa de Mario-2		Manantial Obra de Toma-3		Río Tula	
Época / Características Físicas	Estiaje	Lluvias	Estiaje	Lluvias	Estiaje	Lluvias	Estiaje	Lluvias
Longitud (m)	38.40	38.40	17.7	16	7.03	5.80	4104	4104
Ancho (m)	8	5.12	3.10	3.01	4.20	4.13	56	62
Superficie (m²)	307	196.60	74.85	48.16	29.52	23.95	229,824	254,448
Profundidad (m)	0.216	0.181	0.552	0.61	0.29	0.26	15	8.3
Caudal (L/s)	0.16	0.49	0.29	0.43	-	-	-	-
Transparencia (m)	0.216	0.181	0.522	0.61	0.29	0.26	ND	0.43

ND= Datos no determinados

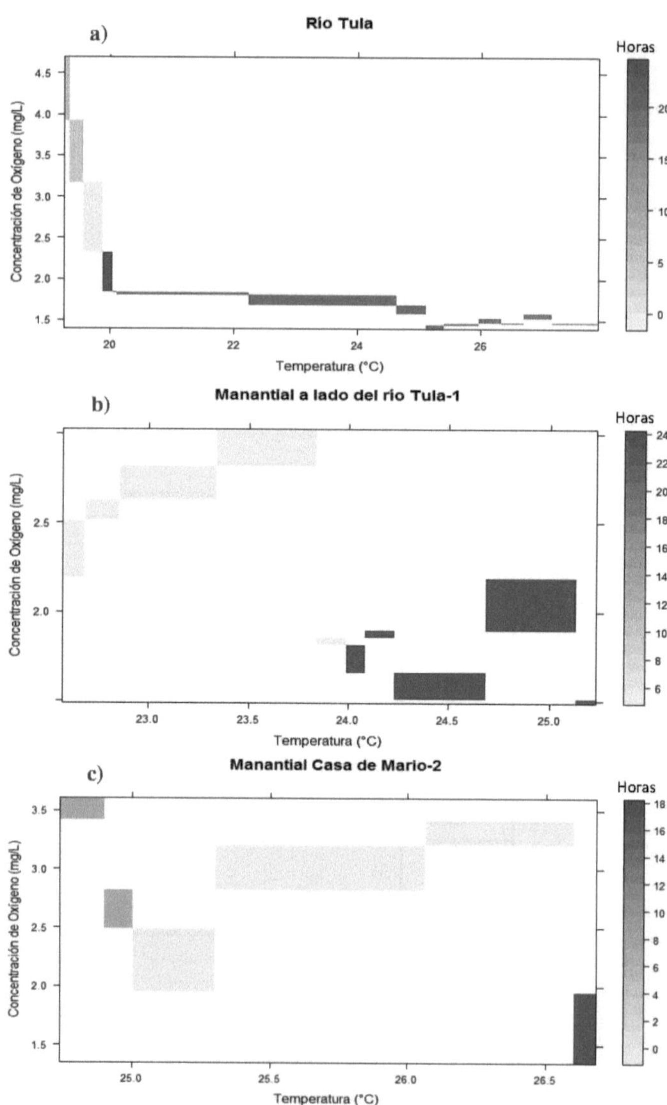

Figura 23. Variaciones de la concentración de oxígeno (mg/L) en el a) río Tula y los distintos manantiales de la comunidad "El Alberto", b) Manantial a lado del río-1 y c) Manantial Casa de Mario-2, para comprobar hipoxia. En el caso del Manantial Obra de Toma-3 no se obtuvieron datos.

En la Tabla 19 se muestran las especies de peces y géneros de algas capturadas en ambas épocas (estiaje y lluvias). De las especies de peces colectadas, únicamente *Goodea gracilis* se encuentra Amenazada (A) y *Poecilia sphenops* sujeta a Protección especial (Pr), según la NOM-059-SEMARNAT-2010, mientras que las especies *Oreochromis aereus*, *Tilapia zillii* y *Cyprinus carpio* son introducidas. Para la clasificación de algas sólo se tomaron muestras de los manantiales, en el río Tula esto no fue posible debido a la intensidad del caudal. También se muestran las especies de plantas descritas en cada sitio para ambas épocas. Las imágenes de los organismos y sitios se pueden ver en el Anexo A.

Tabla 19. Géneros de algas y especies de peces y plantas de los sitios de muestreo: Manantial a lado del río-1, Manantial Casa de Mario-2, Manantial Obra de Toma-3 y río Tula, comunidad "El Alberto", Ixmiquilpan-Hidalgo

Especies y Géneros / Sitio de muestreo	Algas		Peces		Plantas
Época	Estiaje	Lluvias	Estiaje	Lluvias	Estiaje-Lluvias
Manantial a lado del río-1	*Cladophora, Closterium*	*Cladophora, Oscillatoria, Closterium*	*Poeciliopsis gracilis*	*Goodea gracilis, Oreochromis aureus, Poecilia formosa.*	*Prosopis laevigata, Celtis pallida, Pluchea salicifolia, Arundo donax, Typha sp., Marsilea sp., Eleocharis celullosa, Cyperus esculentus, Lemna minuta y Eichhornia crassipes*
Manantial Casa de Mario-2	*Oscillatoria, Cladophora*	*Phormidium, Cladophora, Closterium, Oscillatoria*	*Gambusia affinis, Poecilia sphenops, Heterandria bimaculata*	*Poecilia mexicana, Tilapia zillii*	*Salix bonplandiana, Celtis pallida, Ricinus communis, Senecio salignus, Apium graveolens y Polygonum mexicanum*
Manantial Obra de Toma-3	-	-	*Heterandria bimaculata,*	*Poecilia mexicana*	*Lemna minuta, Salix bonplandiana, Rorippa nasturtium-aquaticum, Apium graveolens, Senecio salignus y Peperomia sp.*
Río Tula	-	-	*Cyprinus carpio*	*Oreochromis aureus, Tilapia zillii*	Vegetación riparia de *Taxodium mucronatum, Prosopis laevigata, Arundo donax, Typha sp., Salix bonplandiana, Carya illionoinensis y Rhamnus humboldtiana*

En la Figura 24 se muestran gráficas de barras de la riqueza de géneros de algas y especies de peces en relación con la media de concentración de oxígeno obtenida para cada temporada (lluvias y estiaje). Esto se realizó debido a que la concentración de oxígeno disuelto es determinante para las especies piscícolas, mientras que las algas son un indicador de eutrofización, emisores de oxígeno y productores primarios.

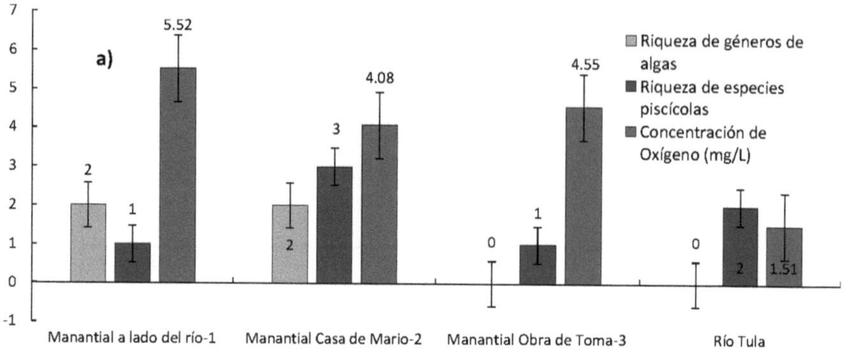

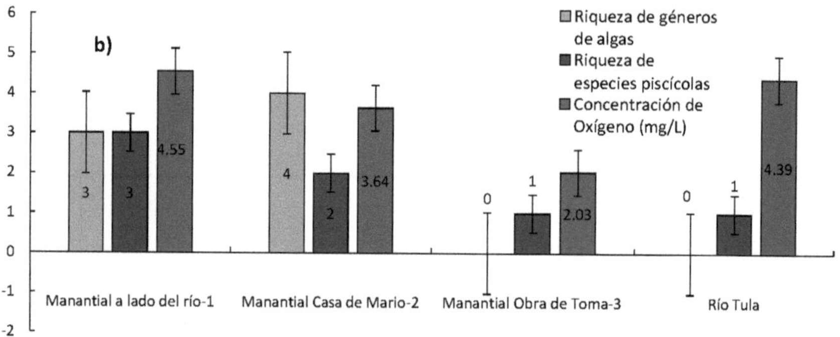

Figura 24. Riqueza de especies piscícolas y de géneros de algas en relación con la concentración de oxígeno de cada sitio de estudio: Manantial a lado del río-1, Manantial Casa de Mario-2, Manantial Obra de Toma-3 y Río Tula, para ambas épocas a) estiaje y b) lluvias, comunidad "El Alberto", Ixmiquilpan-Hidalgo.

En la Figura 25 se muestran gráficas circulares sobre la riqueza de especies de plantas y de peces, así como la riqueza de géneros de algas, por cada sitio de estudio, en ambas épocas. Las plantas que fueron incluidas al análisis se encuentran localizadas en la ribera de los cuerpos de agua o bien dentro de los mismos (Anexo A), siendo de gran importancia para algunas especies de peces, así como para la concentración de oxígeno disuelto, cantidad de nutrientes y sólidos totales suspendidos en el agua, entre otros parámetros.

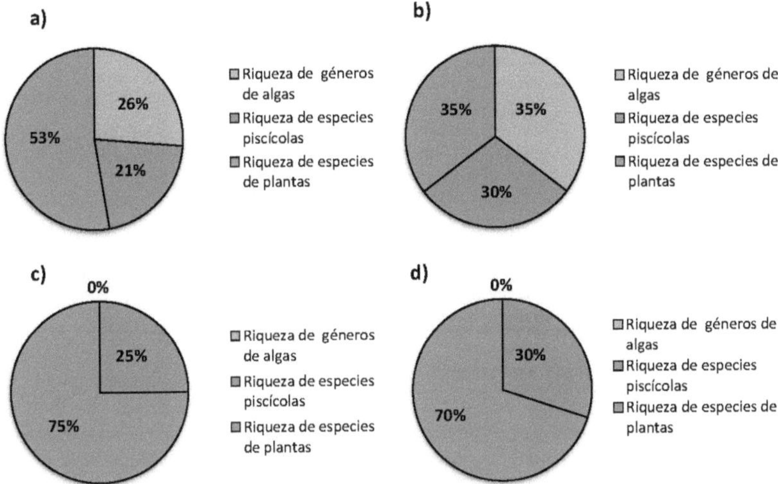

Figura 25. Riqueza de especies para algas, peces y plantas en ambas épocas, en los sitios de estudio: a) Manantial a lado del río-1, b) Manantial Casa de Mario-2, c) Manantial Obra de Toma-3 y d) río Tula, en la comunidad "El Alberto". Ixmiquilpan-Hidalgo.

8.1.4. Especies de peces como bioindicadores de calidad del agua

Los peces colectados e identificados de los sitios de muestreo, se usaron como bioindicadores, con base en el documento: *Organismos indicadores de la calidad del agua y de la contaminación (bioindicadores)* de Espino, Hernández Pulido y Carbajal Pérez (2000), para caracterizar parámetros presentes respecto a la calidad del agua de los sistemas acuáticos analizados (Tabla 20).

Por otra parte, las demás especies de peces como *Goodea gracilis* tiene hábitats donde el agua puede ser clara, turbia o fangosa con corrientes moderadamente fuertes (Hubbs & Turner, 1939), como es el caso del sitio de estudio Manantial a lado del río-1, *Oreochromis aureus,* es una especie introducida, exótica invasiva y es tolerante en ambientes de agua dulce y salada, pero su presencia es más común en sistemas dulceacuícolas, tales como arroyos lagunas y embalses (U.S. Fish and Wildlife Service, 2011). *Poecilia formosa* es de hábitats de agua dulce, puede ser clara o turbia, preferentemente cerca de poblaciones de *Poecilia mexicana* para reproducirse (Darnell M. & Abramoff, 2005). *Poecilia sphenops* es una especie resistente y altamente adaptable, pueden sobrevivir en hábitats agotados de oxígeno (Maciolek, 2005). *Tilapia zillii* es una especie introducida, exótica invasiva, que tiene tolerancia a las variaciones ambientales y a concentraciones bajas de oxígeno (Invasive Species Specialist Group, 2015).

Tabla 20. Especies bioindicadoras de calidad de agua colectadas de los sitios de estudio, comunidad "El Alberto", Estado de Hidalgo-Ixmiquilpan.

Especie	Bioindicador	Categoría	Sitio de estudio
Poeciliopsis gracilis	Tolerante a contaminantes industriales y urbanos.	Nativa	Manantial a lado del río-1
Gambusia affinis	Tolerante a contaminación de origen urbano.	Nativa	Manantial casa de Mario-2
Heterandria bimaculata	Tolerante a contaminantes industriales y urbanos	Nativa	Manantial Casa de Mario-2 y Manantial Obra de Toma-3
Cyprinus carpio	Tolerante a concentraciones altas de nitratos, fosfatos y turbidez.	Introducida	Río Tula
Poecilia mexicana	Tolerante a contaminantes industriales y urbanos, así como concentraciones bajas de oxígeno disuelto.	Nativa	Manantial casa de Mario-2 y Manantial Obra de Toma-3

8.2 Evaluación dosis respuesta

Previamente se hicieron arrastres en los tres manantiales para la identificación de las distintas especies de peces presentes en los cuerpos de agua. Durante las clasificaciones en el *Manantial a lado del río-1,* durante época de estiaje, se encontraron peces hembra, de la familia Poecilidae, con deformaciones en la parte del estómago y riñones, cercana a la zona de las aletas pélvicas y dorsales (Figura 26).

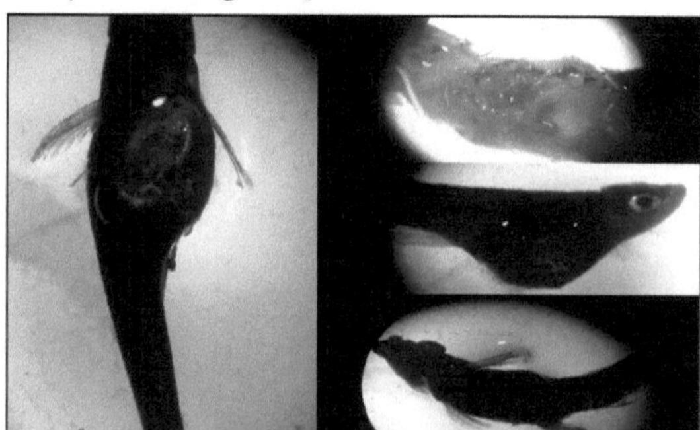

Figura 26. Ejemplares de peces hembra de la familia Poecilidae con deformaciones en la parte de estómago y riñones, extraídos del Manantial a lado del río- 1, comunidad "El Alberto", Ixmiquilpan-Hidalgo.

Por lo que se decidió hacer análisis de toxicidad a través de bioensayos con embriones de pez cebra (*Danio rerio*) de los sitios de estudio: *Manantial a lado del río-1, Manantial Casa de Mario-2, Manantial Obra de Toma-3 y Río Tula,* con las distintas mezclas de agua de cada sitio, esto debido a las interacciones que pueden surgir entre los diversos contaminantes (sinergia, potenciación y antagonismo), para el caso en específico del río Tula, los bioensayos se realizaron a partir de una mezcla compuesta de los dos puntos de muestreo.

8.2.1 Determinación de la Concentración Letal Media (CL50)

Se realizaron bioensayos de exposición aguda (96 horas) usando el organismo *Danio rerio* como modelo, para analizar la toxicidad de las muestras de agua obtenidas en campo: *Río Tula* (muestra compuesta), *Manantial a lado del río-1*, *Manantial Casa de Mario-2* y *Manantial Obra de Toma-3*, a través de la determinación de la Concentración Letal Media (CL50), relacionando la concentración del tóxico (distintas mezclas de agua) con la mortalidad de los individuos.

Inicialmente se hicieron pruebas preliminares para determinar la CL50, la mortalidad de los controles negativos o blancos fue menor al 10%, por lo que los resultados son aceptables, cada bioensayo contó con tres repeticiones con una n de 10 organismos. Las distribuciones de datos no se ajustan a una distribución normal y la mortalidad no es proporcional al aumento de concentración, tampoco se obtuvieron concentraciones con mortalidades mayores al 50%, por lo que la mortalidad tuvo un efecto del 0% (EC, 2004), los resultados se reportan en la Tabla 21 y Tabla 22. Por lo tanto, no se aplicaron tratamientos estadísticos, las deformaciones que se observaron se encuentran en el Anexo B.

Tabla 21. Mortalidad total obtenida de los bioensayos para las distintas concentraciones de las muestras de agua obtenidas en campo, "El Alberto", Ixmiquilpan-Hidalgo.

Concentración (%)/Sitio de muestreo	Número de embriones por réplica	Número de repeticiones	Mortalidad por repetición			Promedio ± Desviación Estándar	Total de mortalidad
Rio tula			R_1	R_2	R_3		
6.25	10	3	0	0	1	0.33 ± 0.58	1
12.5	10	3	0	1	0	0.33 ± 0.58	1
25	10	3	2	1	0	1 ± 1	3
50	10	3	0	0	1	0.33 ± 0.58	1
100	10	3	1	0	2	1 ± 1	3
Manantial a lado del río-1			R_1	R_2	R_3		
6.25	10	3	3	1	1	1.67 ± 1.15	5
12.5	10	3	2	0	1	1 ± 1	3
25	10	3	2	5	0	2.33 ± 2.52	7
50	10	3	1	0	1	0.67 ± 0.58	2
100	10	3	0	2	1	1 ± 1	3
Manantial casa de Mario-2			R_1	R_2	R_3		
6.25	10	3	1	0	1	0.67 ± 0.58	2
12.5	10	3	0	0	0	0 ± 0	0
25	10	3	0	2	1	1 ± 1	3
50	10	3	1	0	0	0.33 ± 0.58	1
100	10	3	1	2	2	1.67 ± 0.58	5
Manantial Obra de Toma-3			R_1	R_2	R_3		
6.25	10	3	1	1	2	1.33 ± 0.58	4
12.5	10	3	0	0	1	0.33 ± 0.58	1
25	10	3	1	1	3	1.67 ± 1.15	5
50	10	3	2	0	1	1 ± 1	3
100	10	3	1	1	2	1.33 ± 0.58	4

Tabla 22. Porcentaje de mortalidades cada 24 h, 48 h, 72 h y 96 h para cada concentración (6.25%, 12.5%, 25%, 50% y 100%) de los sitios de muestreo: Río Tula, Manantial a lado del río-1, Manantial Casa de Mario-2 y Manantial Obra de Toma-3, "El Alberto", Ixmiquilpan-Hidalgo

Concentración (%)/Sitio de muestreo	Número de embriones por réplica	Número de repeticiones	Mortalidad por repetición												Promedio ± Desviación Estándar				Mortalidad (%)			
Rio tula			R_1				R_2				R_3				24 h	48 h	72 h	96 h	24 h	48 h	72 h	96 h
			24 h	48 h	72 h	96 h	24 h	48 h	72 h	96 h	24 h	48 h	72 h	96 h								
6.25	10	3	0	0	0	0	0	0	0	0	1	0	0	0	0.33±0.58	0±0	0±0	0±0	3.33	0	0	0
12.5	10	3	0	0	0	0	0	0	0	1	0	0	0	0	0±0	0±0	0±0	0.33±0.58	0	0	0	3.33
25	10	3	2	0	0	0	1	0	0	0	0	0	0	0	1±1	0±0	0±0	0±0	10	0	0	0
50	10	3	0	0	0	0	0	0	0	0	0	1	0	0	0±0	0.33±0.58	0±0	0±0	0	3.33	0	0
100	10	3	1	0	0	0	0	0	0	0	1	0	1	0	0.67±0.58	0±0	0.33±0.58	0±0	6.67	0	0.33	0
Manantial a lado del río-1			R_1				R_2				R_3				24 h	48 h	72 h	96 h	24 h	48 h	72 h	96 h
			24 h	48 h	72 h	96 h	24 h	48 h	72 h	96 h	24 h	48 h	72 h	96 h								
6.25	10	3	0	0	1	2	0	0	0	1	1	0	0	0	0.33±0.58	0±0	0.33±0.58	1±1	3.33	0	3.33	10
12.5	10	3	0	1	0	1	0	0	0	0	1	0	0	0	0.33±0.58	0.33±0.58	0±0	0.33±0.58	3.33	3.33	0	3.33
25	10	3	0	0	0	2	1	0	2	2	0	0	0	0	0.33±0.58	0±0	0.67±1.15	1.33±1.15	3.33	0	6.67	13.33
50	10	3	0	0	0	1	0	0	0	0	0	0	0	1	0±0	0±0	0±0	0.67±0.58	0	0	0	6.67
100	10	3	0	0	0	0	2	0	0	0	0	0	1	0	0.67±1.15	0±0	0.33±0.58	0±0	6.67	0	3.33	0
Manantial a lado del río-1			R_1				R_2				R_3				24 h	48 h	72 h	96 h	24 h	48 h	72 h	96 h
			24 h	48 h	72 h	96 h	24 h	48 h	72 h	96 h	24 h	48 h	72 h	96 h								
6.25	10	3	1	0	0	0	0	0	0	0	1	0	0	0	0.67±0.58	0±0	0±0	0±0	6.67	0	0	0
12.5	10	3	0	0	0	0	0	0	0	0	0	0	0	0	0±0	0±0	0±0	0±0	0	0	0	0
25	10	3	0	0	0	0	2	0	0	0	1	0	0	0	1±1	0±0	0±0	0±0	10	0	0	0
50	10	3	1	0	0	0	0	0	0	0	0	0	0	0	0.33±0.58	0±0	0±0	0±0	3.33	0	0	0
100	10	3	1	0	0	0	1	0	1	0	0	0	2	0	0.67±0.58	0±0	1±1	0±0	6.67	0	10	0
Manantial a lado del río-1			R_1				R_2				R_3				24 h	48 h	72 h	96 h	24 h	48 h	72 h	96 h
			24 h	48 h	72 h	96 h	24 h	48 h	72 h	96 h	24 h	48 h	72 h	96 h								
6.25	10	3	0	0	0	1	1	0	0	0	1	0	0	1	0.67±0.58	0±0	0±0	0.67±0.58	6.67	0	0	6.67
12.5	10	3	0	0	0	0	0	0	0	0	1	0	0	0	0.33±0.58	0±0	0±0	0±0	3.33	0	0	0
25	10	3	0	0	1	0	1	0	0	0	0	3	0	0	0.33±0.58	1±1.73	0.33±0.58	0±0	3.33	10	3.33	0
50	10	3	2	0	0	0	0	0	0	0	0	0	1	0	0.67±1.15	0±0	0.33±0.58	0±0	6.67	0	3.33	0
100	10	3	0	1	0	0	0	0	0	1	0	2	0	0	0±0	1=1	0.33±0.58	0±0	0	10	3.33	0

A continuación, en la Figura 27 se representa la gráfica de mortalidad (%) vs concentración (%) obtenidas de las diferentes pruebas preliminares de los bioensayos con embriones de pez cebra de los sitios de estudio: Río Tula, Manantial a lado del río-1, Manantial casa de Mario-2 y Manantial Obra de Toma-3. En ninguno de los sitios de estudio sobrepasa el 50% de mortalidad, por lo que no es posible calcular la CL_{50}.

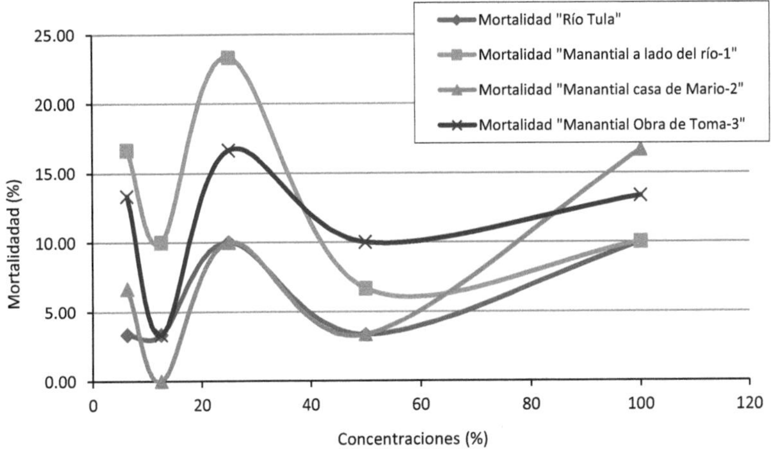

Figura 27. Mortalidades (%) vs Concentraciones (%) de los bioensayos realizados con las distintas mezclas de agua, de los sitios de estudio: Manantial a lado del río-1, Manantial casa de Mario-2, Manantial Obra de Toma-3 y Río Tula, "El Alberto", Ixmiquilpan-Hidalgo.

Los parámetros de las muestras recolectadas en campo se midieron de nuevo en laboratorio, antes de preparar las diferentes concentraciones para los bioensayos con embriones de pez cebra, con el objetivo de tener un control y verificar la concentración de oxígeno disuelto y cumplir con los lineamientos de los protocolos anteriormente mencionados (Sección 7.2.1). Los resultados se observan en la Tabla 23.

Tabla 23. Parámetros medidos en laboratorio de las muestras recolectadas en campo de los sitios de estudio, "El Alberto", Ixmiquilpan-Hidalgo, para preparar los bioensayos con embriones de pez cebra.

Parámetros iniciales / Muestras	pH	Salinidad (psu)	OD (mg/L)	Conductividad (µS/cm)
Manantial a lado del río-1	7.88	0.38	1.42	766
Manantial Casa de Mario-2	8.07	0.55	1.49	1110
Manantial Obra de Toma-3	7.61	0.63	1.42	1270
Río Tula	7.60	0.76	1.46	1502

Durante los bioensayos preliminares también se iba a determinar CE_{50} (Concentración Efectiva media), con base en el retraso del desarrollo embrionario de los organismos, sin embargo, los embriones que sobrevivieron a las distintas concentraciones a las que fueron expuestos, eclosionaron a su etapa de alevines, al finalizar las 72 h transcurridas post fertilización, por lo que no fue posible determinar CE_{50}.

La prueba estadística no paramétrica de Chi cuadrada de Pearson se realizó con el programa R Studio, para comprobar si existía independencia o dependencia entre las variables de mortalidad y las diferentes concentraciones de los cuerpos de agua con las que se realizaron los bioensayos, esta prueba se ajusta a datos que no siguen una distribución normal. Para el *Río Tula* se obtuvo un valor de p = 0.04043, con 4 grados de libertad, por lo que p (0.05) > 0.04043, por lo tanto, podemos rechazar la hipótesis nula y decir que hay dependencia entre las variables mortalidad y concentración, con 95% de confianza. Para el cuerpo de agua, *Manantial a lado del río-1,* se obtuvo un valor de p = 0.2202, con 16 grados de libertad, por lo que p (0.05) < 0.2202, para el caso del *Manantial Casa de Mario-2* también se obtuvo un valor de p = 0.2202, con 16 grados de libertad, p (0.05) < 0.2202, y para el *Manantial Obra de Toma-3* se obtuvo un valor de p = 0.09094, con 9 grados de libertad, por lo que p (0.05) < 0.09094. En los últimos tres casos los resultados no son significativos y no existe relación entre ambas variables, siendo independientes, por lo tanto, no se puede rechazar la hipótesis nula, con un 95% de confianza.

8.3 Evaluación de la exposición

8.3.1 Análisis de metales pesados en peces y parasitación

La evaluación de la exposición de los organismos acuáticos y la comunidad "El Alberto", se midió mediante la toma de muestras de hígado y músculo en peces, de las especies tilapia y carpa, que se colectaron en el río Tula y que a su vez sirven como alimento. Se analizaron los metales pesados que se encontraron presentes en concentraciones más elevadas dentro de los cuerpos de agua, a pesar de que no rebasan los Límites Máximos Permisibles (LMP), estos se analizaron porque los resultados obtenidos de la *dosis-respuesta* no fueron concluyentes. Los metales analizados fueron: zinc, mercurio, arsénico y plomo, los resultados se muestran en la Tabla 24 con una comparativa de los LMP de concentraciones de metales que son aceptados por diferentes organizaciones para el consumo humano.

Durante los análisis, en los organismos se detectaron parásitos de la especie *Dyphylobotrium latum* como se observa en la Figura 28, perteneciente a la clase de los cestodos, representando un riesgo para el desarrollo de las especies acuáticas y la comunidad que consume los productos piscícolas del río con alta frecuencia.

Tabla 24. Concentraciones de metales pesados (zinc, mercurio, arsénico, plomo) analizadas de músculo e hígado de pez (carpa y tilapia), colectadas del sitio de muestreo río Tula, "El Alberto", Ixmiquilpan-Hidalgo

Concentración de metal pesado (mg/kg) — Tipo de pez y parte analizada	Carpa (hígado)	Tilapia (músculo)	Tilapia (músculo)	Tilapia (músculo)	L.D.	Límites permisibles[1-2]
Zinc	240.113	6.958	6.222	18.734	0.001	-
Mercurio	0.213	0.201	0.113	0.099	0.001	1[1], 0.50[2]
Arsénico	0.061	0.018	0.015	0.016	0.001	-
Plomo	< L.D.	< L.D.	< L.D.	< L.D.	0	1[1], 0.020[2]

[1]NOM-027-SSA1-1993. Bienes y servicios, productos de la pesca, pescados frescos-refrigerados y congelados. Especificaciones sanitarias. / [2]Reglamento 466/2001 de la Comisión Europea. Contenido máximo de determinados contaminantes en productos alimenticios. / L.D.= Límite de Detección.

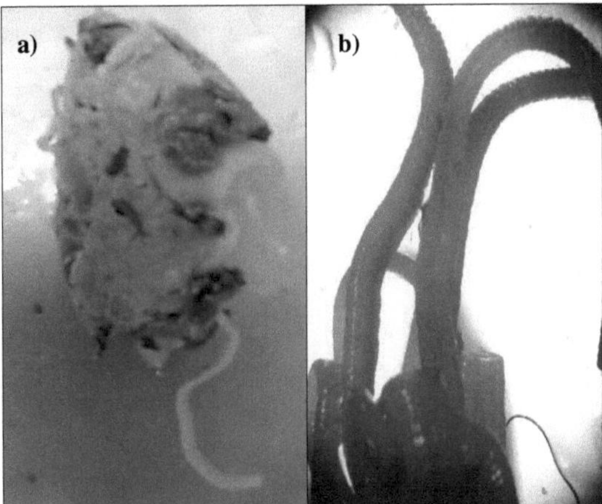

Figura 28. *Cyprinus carpio* parasitado por *Dyphylobotrium latum*, del lado izquierdo a) se muestra el parásito en la zona estomacal parte posterior y parte anterior de la boca, del lado derecho b) parásito *Dyphylobotrium latum*, de nombre común, tenia ancha o tenia del pescado.

8.3.2 Encuestas de vulnerabilidad y exposición

Con el objetivo de evaluar la vulnerabilidad y la exposición tanto de los productos piscícolas que consumen y su frecuencia, así como de los diversos contaminantes a los que están expuestos, se realizó una encuesta del tipo cerrada a la comunidad hñähñú "El Alberto", de los cuales 39% eran hombres que mayormente trabajan el campo y 61 % mujeres, donde un gran porcentaje se dedica al hogar (Anexo E), ver Figura 29 a la Figura 32.

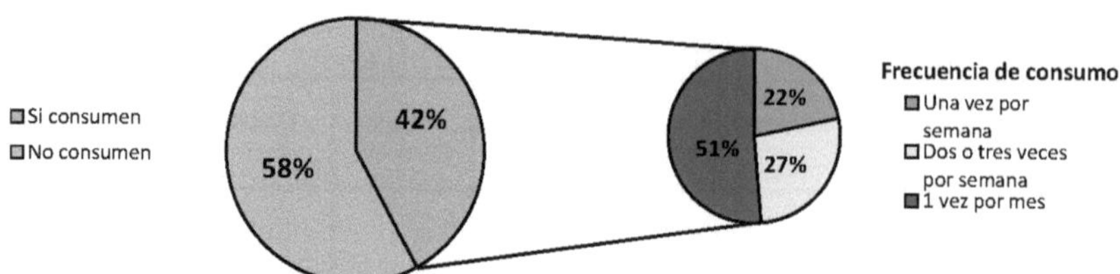

Figura 29. Consumo de productos piscícolas y su frecuencia dentro de la comunidad hñähñú "El Alberto", Ixmiquilpan-Hidalgo.

En la Figura 29 del porcentaje de la comunidad que consumen productos piscícolas del río Tula el 51.35% son mujeres dedicadas al hogar y 48.65% son hombres que trabajan el campo, ambos sectores son los que presentan mayor exposición. Del 42% que consumen peces del río, el 51% lo hace con una frecuencia de 1 vez por mes, el 27% de dos a tres veces por semana y el 22% restante una vez por semana.

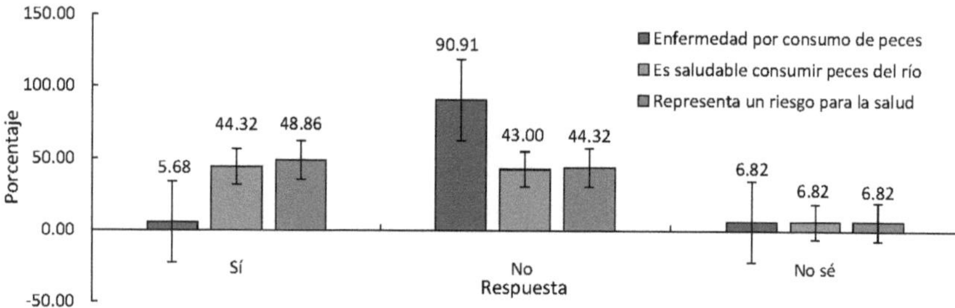

Figura 30. Productos piscícolas del río Tula como parte de la alimentación de la comunidad "El Alberto", Ixmiquilpan-Hidalgo.

De la Figura 30 el 44.32% de la comunidad cree que es saludable consumir productos piscícolas del río Tula, aunque el 48.86% de la comunidad considera que es un riesgo consumir pescado del río.

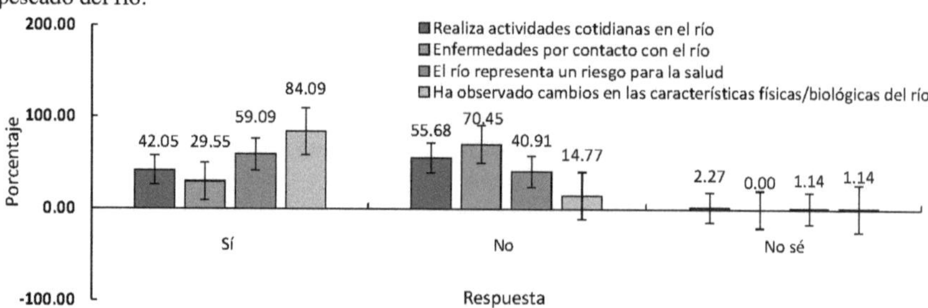

Figura 31. Exposición y vulnerabilidad de la comunidad "El Alberto" al río Tula, Ixmiquilpan-Hidalgo.

De la Figura 31, un 42.05% de la comunidad aún realiza actividades en el río, de los cuales el 54.05% son hombres y 45.95% son mujeres. Del 29.55% de la población que confirma haberse enfermado el 53.85% son hombres y 46.15% mujeres. Aunque aún un 40.91% de la población considera que el río no representa ningún riesgo para la salud.

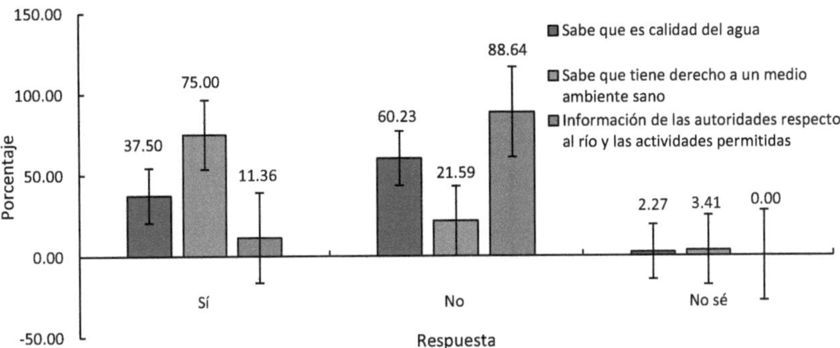

Figura 32. Vulnerabilidad respecto al recurso hídrico y ambiente sano de la comunidad "El Alberto", Ixmiquilpan-Hidalgo.

En la Figura 32 el 88.64% de la comunidad otomí no ha recibido información por parte de las autoridades respecto a las diferentes actividades y riesgos que representa el río Tula, así como el adecuado manejo del recurso hídrico dentro de la comunidad, lo cual los hace vulnerables ante posibles riesgos.

8.3.3 Exposición y bioconcentración a metales pesados

En la Tabla 25 se muestra el factor de bioconcentración (FBC), respecto a los metales pesados y el ambiente acuático, particularmente el río Tula, además de la ingesta por semana, según las frecuencias obtenidas (Sección 8.3.2).

Tabla 25. Factor de bioconcentración (FBC) en músculo de tilapia e hígado de carpa, colectadas del río Tula, "El Alberto", Ixmiquilpan-Hidalgo.

Factor de bioconcentración (FBC) en músculo de tilapia			Promedio del FBC en músculo ± Desviación Estándar	Factor de bioconcentración (FBC) en hígado de carpa
Zinc	32.36	28.94	49.48	36.93 ± 11.0	1116.80
Mercurio	2010.00	1130.00	990.00	1376.67 ± 552.9	2130.00
Arsénico	3.83	3.19	3.40	3.48 ± 0.3	12.98

Según Geyer et al. (1986), un factor entre 10-100 representa una bioconcentración media, como es el caso del zinc en músculo y arsénico en hígado. Mientras que el arsénico en músculo tiene un factor <10, lo cual indica una bioconcentración baja. Para el mercurio en músculo se encontró un valor >100, representando una bioconcentración alta, al igual que el mercurio y zinc encontrados en hígado de carpa.

La cantidad registrada de consumo de pescado en la comunidad "El Alberto", fue de 250 gramos por porción, a continuación en la Tabla 26 se presenta la dosis de exposición (DE) calculada con la frecuencia obtenida durante las encuestas (ver sección 8.3.2.) y la dosis de referencia (DRf) por metal pesado, que reporta la Organización Mundial de la Salud (OMS) y la Agencia de Protección al Ambiente de los EUA (USEPA), el peso utilizado para los resultados fue de 70 kg por individuo, que es el que recomienda la USEPA, el promedio de edad que se registró en la comunidad fue de 39 años.

Tabla 26. Dosis de Exposición (DE) a metales pesados (zinc, mercurio, arsénico) encontrados en músculo de tilapia, según las diferentes frecuencias de consumo de la comunidad "El Alberto", Ixmiquilpan-Hidalgo.

Dosis de exposición (DE) /(mg/kg/día)	DE *(ingesta 3 veces por semana)*	DE *(ingesta 1 vez por semana)*	DE *(ingesta 1 vez por mes)*	Dosis de Referencia (DRf)/(mg/kg/día)
Zinc	0.01624	0.00532	0.001140	0.3
Mercurio	0.00021	0.00007	0.000015	0.0003
Arsénico	0.00003	0.00001	0.000002	0.0003

Dosis de Referencia (DRf) propuestas por la Organización Mundial de la Salud (OMS) y la Agencia de Protección al Ambiente de la USEPA.

8.3.4 Cálculo del cociente de peligro

A partir de los cálculos de la Dosis Exposición (DE) y las Dosis de Referencia (DRf) obtenidas, se puede calcular el cociente de peligro, para saber el potencial de efectos no cancerígenos a la que se encuentra expuesta la comunidad, según los metales hallados en peces y que sirven de consumo. En la Tabla 27 se muestran los resultados de los cocientes de peligro, según las frecuencias de ingesta, reportadas en "El Alberto".

Tabla 27. Cocientes de peligro para consumo de productos piscícolas, según las frecuencias reportadas en la comunidad hñähñú "El Alberto", Ixmiquilpan-Hidalgo.

Cociente de peligro	*Ingesta 3 veces por semana*	*Ingesta 1 vez por semana*	*Ingesta 1 vez por mes*
Zinc	0.05	0.02	0.00
Mercurio	0.7	0.23	0.05
Arsénico	0.10	0.03	0.01

Los cocientes de peligro obtenidos en la Tabla 26, en su mayoría son menores a uno, lo cual indica que no es probable que ocurran efectos no cancerosos adversos, a excepción del mercurio, con una ingesta de tres veces por semana, el cual tiene un valor mayor a uno, lo cual indica un aumento en el potencial de efectos adversos que puede tener sobre la localidad.

8.4 Caracterización del riesgo

8.4.1 Formulación de escenarios

A través de los análisis previos y visitas *in situ* se han identificado las potenciales fuentes de peligro ambiental para los sistemas acuáticos y la población de la comunidad "El Alberto", estos escenarios se clasificaron según el origen antropogénico en: industrias y manufactureras, descargas municipales y provenientes de la ciudad, residuos de la agricultura y ganadería, los cuales se muestran en la Tabla 28.

Tabla 28. Escenarios posibles formulados a partir de fuentes antropogénicas, para la comunidad "El Alberto" y sus sistemas acuáticos, Ixmiquilpan Hidalgo.

	Fuente peligro	**Suceso**	**Consecuencia**	**No. Escenario**
Origen antropogénico	Industrias y manufactureras	Vertimiento de aguas residuales generadas sin previo tratamiento	Contaminación de sistemas acuáticos, anoxia, eutrofización y pérdida de especies acuáticas	E1
		Inadecuado manejo de residuos sólidos y peligrosos	Contaminación de sistemas acuáticos y exposición a metales pesados y otras sustancias tóxicas	E2
		Emisiones a la atmósfera	Contaminación del ciclo hidrológico y perturbación de los ambientes acuáticos	E3
	Descargas municipales y provenientes de la ciudad	Vertimiento de aguas residuales de origen difuso sin previo tratamiento	Aumento de nutrientes en los cuerpos de agua, eutrofización	E4
		Asentamientos irregulares sin alcantarillado	Enfermedades gastrointestinales y contaminación biológica, escasez de agua potable y pérdida de especies	E5
	Residuos de la agricultura, ganadería y otras actividades económicas primarias	Residuos de fertilizantes y pesticidas	Eutrofización de cuerpos de agua, pérdida y daños de especies acuáticas, exposición para la comunidad	E6
		Residuos de antibióticos e hidrocarburos	Contaminantes emergentes, daños a las especies acuáticas y contaminación de sistemas acuáticos	E7

8.4.2 Evaluación del riesgo ambiental

Previamente se realizaron los cálculos para evaluar el riesgo de cada uno de los escenarios sugeridos en la sección 8.4.1 (Anexo G), con base en las normas internacionales ISO 14001, UNE 150008 y la *Guía técnica sobre evaluación de riesgos* de la Comisión Europea. Se clasificaron en tres entornos de estudio: natural, humano y socioeconómico. Por lo que se obtuvieron las matrices de riesgo ambiental (Figura 33-Figura 35), para evaluar el posible impacto que podría tener la contaminación del recurso hídrico, causado por fuentes de origen antropogénico difuso, en la comunidad hñähñú "El Alberto" y sus sistemas dulceacuícolas (manantiales).

En la Figura 33 la distribución del riesgo en el entorno natural se clasifica de alto a muy alto. Los escenarios con mayor impacto en el ambiente son E2 y E7, con las siguientes fuentes de origen: industrias y manufactureras y residuos de agricultura, ganadería y otras actividades económicas primarias. Las consecuencias en el ambiente son: contaminación en ecosistemas acuáticos, exposición a metales pesados y otras sustancias tóxicas, contaminantes emergentes y daños graves a las especies acuáticas.

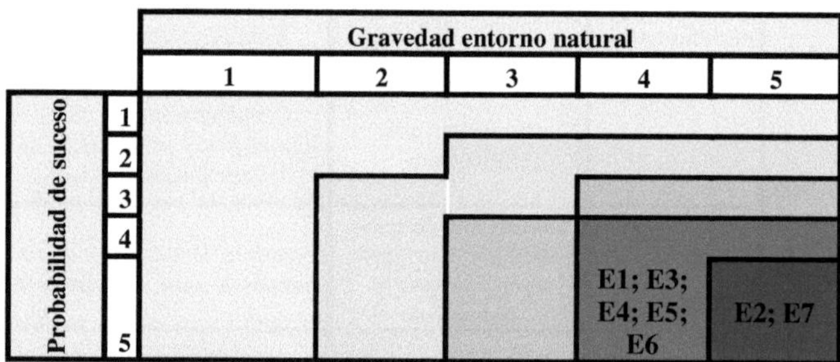

Figura 33. Distribución del riesgo en el entorno natural, causado por la contaminación del recurso hídrico en relación con la comunidad hñähñú "El Alberto", Hidalgo-Ixmiquilpan.

Para el entorno humano (Figura 34), el riesgo tiene una distribución de media a muy alta. El escenario que se clasifica en riesgo muy alto es E2, el cual tiene como consecuencia la exposición a metales pesados y a otras sustancias tóxicas por contaminación del recurso hídrico proveniente de industrias y manufactureras. Esto conlleva a la formación de diferentes riesgos para la salud humana, como es el caso del mercurio para este estudio, por exposición al consumo de productos piscícolas del río. Para los escenarios E4, E5 y E7, tienen consecuencias como lo son: aumento de nutrientes, enfermedades gastrointestinales y contaminación biológica. Durante la ERA se comprobó la presencia de *Dyphylobotrium latum*, que parasita a seres humanos y peces.

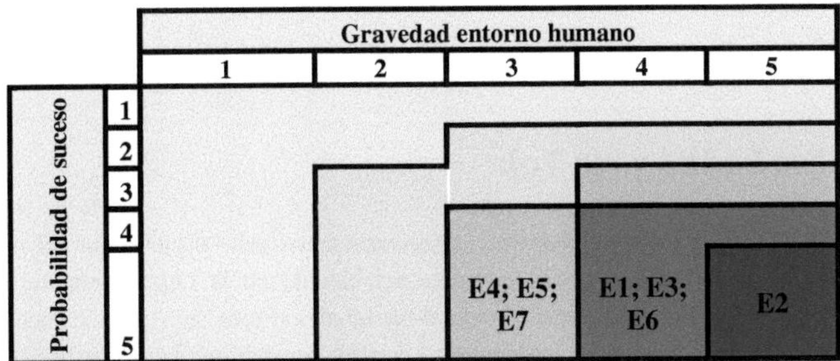

Figura 34. Distribución del riesgo en el entorno humano, causado por la contaminación del recurso hídrico en relación con la comunidad hñähñú "El Alberto", Hidalgo-Ixmiquilpan.

En la Figura 35, la distribución del riesgo es clasificada de baja a alta. Los escenarios E2 y E6, con riesgo alto, proveniente de industrias y manufactureras, así como la agricultura y otras actividades económicas primarias, genera un gran impacto en las actividades económicas que realiza la comunidad en relación con el uso del recurso hídrico, como lo son: el turismo, pesca, ganadería y agricultura. Otro factor importante considerado en este entorno, es el índice de marginación en "El Alberto", el cual es alto, con un valor de -0.31963 (CONAPO, 2010), ya que tiene una influencia directa con la vulnerabilidad, educación y la economía en la comunidad. Al menos el 60.23% en "El Alberto" desconoce que es calidad del agua y un 80.64% reporta no haber obtenido la información necesaria por parte de las autoridades, a pesar de ello el 75 % sabe que tiene derecho a un medio ambiente sano. Este sesgo se puede ver reflejado en la amplitud del espectro del riesgo en la matriz de evaluación.

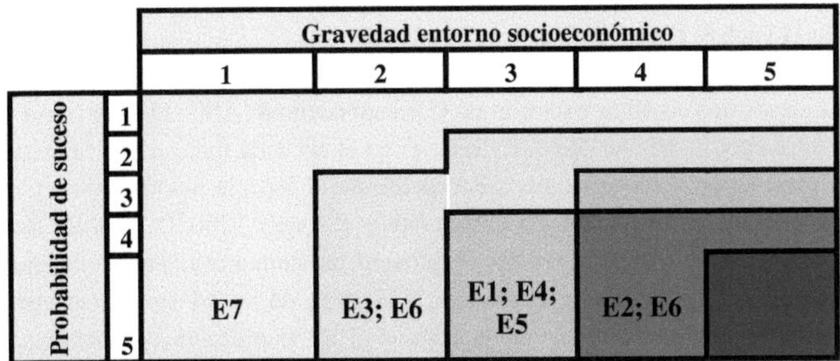

Figura 35. Distribución del riesgo en el entorno socioeconómico, causado por la contaminación del recurso hídrico en relación con la comunidad hñähñú "El Alberto", Hidalgo-Ixmiquilpan.

Capítulo 9

DISCUSIÓN

9.1 Presa Endhó y río Tula

El río Tula y la presa Endhó tienen concentraciones de oxígeno disuelto por debajo de los 5 mg/L, por lo que no cumplen con el límite establecido en la Ley Federal de Derechos. Disposiciones aplicables en materias de aguas nacionales (Protección a la vida acuática). Las concentraciones de oxígeno disuelto menores a 5 mg/L son dañinas para las especies acuáticas y debajo de los 2 mg/L pueden ocasionar la muerte en los organismos (Chang, 2007). Las concentraciones de nitrógeno amoniacal en el río y la presa son elevadas respecto a los límites permisibles, esta molécula es altamente tóxica para los peces e indica la presencia de descargas de aguas residuales y domésticas en concentraciones muy elevadas, también disminuye la concentración de oxígeno disuelto por los procesos de degradación bacteriana (González L. , 2013). El río tiene valores de zinc y cianuros que no están dentro de los límites de la Ley Federal de Derechos (Protección a la vida acuática), la presencia estos metales está relacionada con descargas, así como residuos de industrias y mineras (Deloya, 2012). Los valores reportados por Jiménez et al. (2004), para cadmio y plomo en el río Tula se encuentran dentro del intervalo de los resultados obtenidos en este estudio.

La presa Endhó no cumple con los límites permisibles para el parámetro de sólidos totales disueltos (TDS) y la concentración de zinc del apartado de uso de riego agrícola de la Ley Federal de Derechos. Los TDS pueden servir como portadores de sustancias tóxicas, ya que estas se adhieren a las partículas (EPA, 2017). El valor de óxido de potencial de reducción (ORP) en la presa fue de -309.07 mV indicando un ambiente predominantemente de bacterias anaerobias (Lynch & Poole, 1979).

El estadístico Análisis Factorial de Correspondencia (AFC) aplicado para estudiar la relación entre épocas del año (lluvias y estiaje) en el río Tula indican una fuerte correlación entre los parámetros fisicoquímicos, a excepción de la especie química nitrato, esto puede deberse a que no es un parámetro conservativo (Moreno, 2002). También se aplicó el estadístico AFC para evaluar si existía un proceso de atenuación entre la calidad del agua proveniente de la presa Endhó y el río Tula a lo largo de los 64 km, el cual permitiera la recuperación del sistema a través de la capacidad de asimilación de contaminantes, esto depende de la conservación, caudal y velocidad del río. Sin embargo, el río Tula tiene un flujo base menor a las descargas que recibe de la presa Endhó y los municipios, ocasionado que la recuperación del sistema sea pobre o nula (Sánchez Ramos, 2016). El resultado mostró una fuerte correlación entre todos los parámetros fisicoquímicos estudiados, a excepción del nitrito, nitrógeno amoniacal, fosfato y mercurio. Como anteriormente se mencionó el nitrógeno es un parámetro no conservativo en el agua y cambia rápidamente de especie química, el fosfato es otra especie química no conservativa (Montilla Jiménez & Salinas Torres, 2015), mientras que el mercurio puede tener fluctuaciones por las descargas residuales y su rápida deposición en los sedimentos. También debe vigilarse porque el mercurio sufre un proceso de metilación (CH_3Hg^+), es decir, pasa de una forma simple a metilmercurio, que es mucho más tóxico (Posada & Arroyave, 2006).

Las variaciones de concentración de oxígeno disuelto en el río Tula se monitorearon en un período de 24 horas (Figura 24), en la gráfica se aprecia el patrón de temperatura y concentración de OD que se ajusta a la Ley de Henry, es decir, a mayor temperatura hay una menor concentración de oxígeno disuelto, alcanzando valores mínimos de 1.5 mg/L de OD (hipoxia), aunque las temperaturas más altas son en los horarios nocturnos, esto puede ser ocasionado por descargas industriales vertidas al río. Los valores bajos de OD se ven influenciados también por el alto contenido de materia orgánica, donde las bacterias presentes en el agua agotan el oxígeno.

Respecto a la diversidad de organismos acuáticos en el río Tula se reportaron especies introducidas invasivas exóticas, durante el muestreo, fueron las únicas especies encontradas, esto indica un fuerte desplazamiento de las especies endémicas de la región y la degradación del ambiente acuático al existir sólo especies introducidas (Aguirre Muñoz & Mendoza Alfaro, 2009), como es el caso de *Cyprinus carpio, Oreochromis aureus* y *Tilapia zillii*. Además, la especie *Cyprinus carpio* sirve como bioindicador de altas concentraciones de nitratos, fosfatos y turbidez en el ambiente, como es el caso del río Tula. Miranda et al. (2012), también identificaron especies invasivas en la región del Metztitlán, Hidalgo.

En la sección 8.2, *Evaluación dosis respuesta,* con bioensayos de embriones de pez cebra, para una época, debido a que son sistemas que no muestran gran variación por temporada, la toxicidad obtenida fue carencial, sin embargo, lo ideal sería reproducir los bioensayos con una exposición crónica e *in situ.* Durante los análisis el tamaño de material particulado en el agua también pudo ser un factor determinante, ya que al diferir del tamaño de poro del huevo del embrión, no ocurrió la interacción esperada entre los contaminantes de la mezcla y el modelo (Kovrižnych et al., 2013).

9.2 Manantiales

Los manantiales que se encuentran en la comunidad no cumplen con la concentración mínima de oxígeno establecida en la Ley Federal de Derechos (protección a la vida acuática), lo cual tiene implicaciones sobre las especies acuáticas mencionadas en la sección 9.1. Al igual que la presa Endhó y el río Tula, en el AFC mostró una fuerte correlación estadística, con variaciones en la turbidez para el caso del Manantial a lado del río-1 y Manantial Obra de Toma-3, esto puede ser ocasionado por el aporte de agua del río Tula al Manantial a lado del río-1, el cual modifica su transparencia e interfiere en los procesos de fotosíntesis (Suárez Peláez & Rivera Vidal, 2015). En el caso de Manantial casa de Mario-2 y Manantial Obra de Toma-3 presentaron valores de mercurio por encima del límite permisible, Manantial casa de Mario-2 tuvo una concentración más alta en cianuros que el límite permitido. En los tres manantiales se obtuvieron concentraciones de zinc por arriba de los límites máximos permisibles (LMP) de la Ley Federal de Derecho (protección para la vida acuática). También se encontraron valores de plomo por encima de los LMP de la NOM-127-SSA1-1994 para Manantial casa de Mario-2 y Manantial Obra de Toma-3, el plomo puede producir deformaciones y cambios en los organismos acuáticos (Ortega, 2014). Esto conlleva un riesgo importante para los sistemas acuáticos porque no se cumplen con los parámetros establecidos para la protección de la vida acuática en la Ley Federal de Derecho.

En el estadístico ACP se obtuvo poca o nula relación entre los parámetros fisicoquímicos DQO y coliformes fecales, en el ambiente esto se explica por la velocidad en los procesos oxidativos de la DQO y la sedimentación de los coliformes fecales en la columna del agua. Del análisis se obtuvieron tres componentes principales que reducen el número de variables estudiadas en los cuerpos de agua, el primer componente (CP1) está formado por metales pesados (cobre, zinc, plomo) y DBO_5, esto se repite en CP2 y CP3. La DBO_5 es usada para saber el grado de contaminación de un cuerpo de agua (CONAGUA, 2013), en el análisis estadístico son similares, por lo que presentan mismos niveles de contaminación, las variaciones en los metales pesados son bajas por ser cuerpos de agua lénticos. También se observa una mayor correlación entre Manantial a lado del río-1 y río Tula, al igual que Manantial casa de Mario-2 y Obra de Toma-3, esto se debe a la cercanía de los sitios de estudio, el río Tula tiene un aporte de agua al Manantial a lado del río-1, por lo que modifican algunos parámetros fisicoquímicos. En el caso del Manantial Obra de Toma-3 y Manantial Casa de Mario-2 tienen la misma influencia de actividades antropogénicas.

La parte física descriptiva de los manantiales es importante para entender la influencia de los cuerpos de agua en las variables fisicoquímicas y biológicas medidas. Tal es el caso de la alcalinidad que tiene relación directa con la conductividad eléctrica, en los tres manantiales es elevada. La alcalinidad no se da por procesos antropogénicos necesariamente, sino por las cualidades naturales del suelo al interactuar con el agua, también disminuye el proceso de solubilidad de los metales pesados permitiendo una acumulación mayor (Hernández Silva, Flores-Delgadillo, Maples-Vermeersch, Solorio-Munguía, & Alcalá-Martínez, 1994) . Los manantiales son de temperatura media (hipotermales) afectando en la solubilidad de otras sustancias que puedan interactuar en el agua, así como en la concentración de oxígeno disuelto. Para el Manantial a lado del río-1 y Manantial Obra de Toma-3 al ser helocrenos y Manantial casa de Mario-2 limnocreno, resuspenden de forma diferente los sedimentos modificando la turbidez del agua y el OD. En los tres casos la profundidad es somera, aunque es apreciable el aumento de caudal para época de lluvias (Tabla 18). Sin embargo, no hay un cambio considerable en la profundidad permitiendo que las variables ambientales tengan mayor influencia en los parámetros fisicoquímicos de la calidad del agua (Figura 22). Esto se puede apreciar en la concentración de oxígeno disuelto monitoreado en un tiempo de 24 horas para el Manantial a lado del río-1 y Manantial casa de Mario-2, lo esperado era un descenso en la temperatura durante la noche y un incremento en la concentración de OD, no obstante, este patrón no se observa en ninguno de los dos cuerpos de agua (Figura 24).

Las bajas concentraciones de OD, así como los parámetros fisicoquímicos que están fuera de los límites establecidos en las normas legislativas tienen un gran impacto en la cadena trófica de los manantiales, además de las especies de peces introducidas por la comunidad para autoconsumo y venta a los ambientes acuáticos. En el Manantial a lado del río-1 se reportó la presencia de la especie endémica *Goodea gracilis* la cual puede vivir en aguas claras o fangosas, se encuentra Amenazada (A) en el listado de la NOM-059-SEMARNAT-2010, sin embargo, sólo se halló un ejemplar de la especie, en este mismo cuerpo de agua también se identificó la especie *Oreochromis aureus* que es exótica e invasiva, la cual puede afectar los niveles tróficos porque actúan como competidores, depredadores condicionando su supervivencia, volviendo más vulnerables a las especies nativas (Aguirre Muñoz & Mendoza Alfaro, 2009). El mismo fenómeno ocurre en el Manantial casa de Mario-2, con la especie *Poecilia sphenops* que está sujeta a Protección especial (Pr) y la presencia de la especie *Tilapia zillii,* la cual también es exótica invasiva. Las especies como *Poeciliopsis gracilis, Gambusia affinis, Heterandria bimaculata* y *Poecilia mexicana*, encontradas en los tres manantiales son indicadoras de contaminantes y concentraciones de oxígeno disuelto bajas. Estas especies también fueron reportadas en el Estado de Hidalgo por los autores González y Ramírez (2012).

En relación con la cadena trófica en los ambientes acuáticos (manantiales) se ha comprobado que las algas tienen un papel fundamental en los mismos, ya que pueden modificar las concentraciones de oxígeno disuelto en el agua y/o liberar toxinas que generen daños a los demás organismos acuáticos y personas, tal es el caso de *Cladophora, Closterium, Oscillatoria* y *Phormidium* (MA Department of Public Health , 2016). En las gráficas de barras (Figura 24), se observa una tendencia de incremento en la cantidad de oxígeno disuelto a mayor número de géneros de algas (Mancera P. & Vidal V., 2016).

Para la *evaluación dosis respuesta,* inicialmente se colectaron organismos de la familia Poeciliidae del Manantial a lado del río-1, que presentaron deformaciones en su mayoría en la parte del estómago y riñones, por lo que se hicieron bioensayos en embriones de pez cebra para determinar la concentración necesaria a la cual se presentarían estos daños. Durante los experimentos gran parte de las deformaciones o daños teratogénicos se observaron con las distintas concentraciones de agua del Manantial a lado del río-1.

Los resultados obtenidos de la dosis respuesta para toxicidad de las diferentes concentraciones de mezcla de agua de los manantiales fueron nulos. Sin embargo, durante las pruebas se observaron retrasos en el desarrollo embrionario, este comportamiento puede deberse por la complejidad de la mezcla. Las curvas de mortalidades y concentración (Figura 27), muestran un comportamiento similar en los tres cuerpos de agua. A concentraciones más bajas se ve mayor mortalidad que en concentraciones altas, esto puede ser causado por las interacciones de las sustancias que contienen las distintas mezclas de agua analizadas, sinergia, potenciación, adición o antagonismo (Ming-Ho, 2005). El sitio que presentó mayor mortalidad fue el Manantial a lado del río-1, aunque tampoco alcanzó la CL_{50}, por lo que no se determinó la toxicidad. Las pruebas estadísticas de chi cuadrada para ver independencia, no mostraron relación entre las variables de mortalidad y concentración.

9.3 La comunidad y el parque "EcoAlberto"

Para los análisis fisicoquímicos del manantial que abastece las albercas del parque "EcoAlberto", se obtuvo que no cumple con los LMP para conductividad eléctrica y total de sólidos disueltos (TDS) establecidos en la NOM-127-SSA1-1994, así como los valores permisibles de salinidad y oxígeno disuelto de la Ley Federal de Derecho. El efecto que puede tener en la población, es que el consumo puede resultar desagradable si se llegara a ingerir (OMS, 2003). En el análisis de conglomerados, las similitudes fueron en la parte de albercas y canal de salida, lo cual representa mismas condiciones de calidad del agua en ambos momentos.

En relación con el río Tula todavía el 42.05% de la población realiza actividades en el río y un 29.55% dice haber tenido alguna enfermedad por estar en contacto con el agua del río. El 60 % desconoce qué es calidad del agua y en la comunidad el 88.64% reportó no haber tenido información de parte de las autoridades lo cual representa una gran vulnerabilidad para casi la mitad de la comunidad.

En la parte de *evaluación de la exposición* se midieron metales pesados en peces de la especie tilapia y carpa que son consumidos por la población. Previamente, también había sido reportado por la comunidad la muerte de una gran cantidad de peces, ocasionada por las descargas de aguas residuales de la refinería de PEMEX en el río Tula (Camacho, 2007). Se tomaron muestras solamente en aquellos organismos que tuvieron mayores concentraciones de metales pesados en la matriz agua. Los resultados obtenidos de mercurio y plomo se encuentran dentro de los límites permisibles de la NOM-027-SSA1-1993 y el Reglamento 466/201de la Comisión Europea para productos de pesca. Franchini et al. (2016), examinaron metales pesados en músculo de pez y hallaron concentraciones de arsénico entre 0.01 y 0.003 mg/kg, en la zona de la Requena , Noxthey, El llano, Corrales y Zosea, estos valores son más bajos que los analizados para este estudio.

Durante los análisis, se encontraron parásitos en los organismos de la especie *Diphyllobothrium latum*, la cual también parasita a los seres humanos, la técnica de preparación de este alimento es quitando las vísceras y someterlo a cocción, lo cual reduce la probabilidad de parasitosis en la población por consumo de peces. En las encuestas se registró que al menos el 42% de la población aún consume pescado del río y al menos un 27% lo hace con una frecuencia de tres veces por semana. Al menos 44.32 % cree que es saludable consumir peces del río, aunque el 43% cree que representa un riesgo para la salud.

Después de analizar los metales pesados (arsénico, plomo, mercurio y zinc) en los organismos que forman parte de la dieta de la comunidad (tilapia y carpa) y el medio acuático, se estimó el factor de bioconcentración (FBC) para calcular la acumulación de cada sustancia en los organismos. En hígado para mercurio y zinc se obtuvieron valores altos de bioconcentración, 1116.80 y 2130.00, respectivamente, lo cual indica que son sustancias que se están hiperacumulando en este órgano, por lo que es probable que los metales a posteriori o por exposición crónica, se empiecen acumular en el músculo de los individuos o en otras partes, además de representar un riesgo, alterando la capacidad de supervivencia de los organismos, la dinámica poblacional de especies, estructura y función ecosistémica (Posada & Arroyave, 2006). La parte del músculo del pez que es consumida por la población, presentó un valor de 1376.67 para mercurio. Por lo tanto, también se esta hiperacumulando en el músculo y representa un riesgo para el consumo, en el caso del zinc tiene un valor 36.93, por lo que su bioconcentración es media.

En el cálculo de *dosis exposición (DE)*, el mercurio obtuvo un resultado de 0.00021 mg/kg/día muy cercano al de DRf establecida por la EPA. Sin embargo, el cálculo del *cociente de peligro*, fue cercano a uno, lo cual aún no representa un riesgo para la comunidad, al igual que el zinc y el arsénico. En contraposición el FBC indica que el mercurio en el pez es una sustancia hiperacumulada tanto en músculo como en hígado, por lo que en un futuro podría representar un riesgo para la población. El mercurio en su forma inorgánica puede ocasionar daños al sistema neurológico y en los comportamientos conductuales de los individuos (OMS, 2003).

El *análisis de vulnerabilidad* por medio de la aplicación de encuestas cerradas, muestra que un 27% de la comunidad que consume pescado del río de dos a tres veces por semana, está expuesta a parásitos y metales pesados, como lo son el zinc, el arsénico y el mercurio. Un 40% cree que el río no representa ningún riesgo para la salud y el 21.59 % no sabe que tiene derecho a un medio ambiente sano, estos resultados y el el alto índice de marginación, muestra que al menos casi la mitad de la población se encuentra vulnerable en relación del uso del recurso hídrico.

9.4 Discusión General

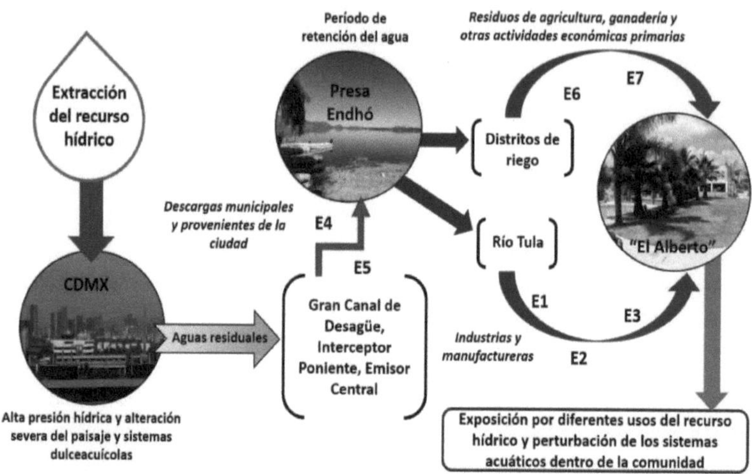

Figura 36. Escenarios de riesgo y sus consecuencias para la comunidad hñähñú "El Alberto", Hidalgo-Ixmiquilpan.

El inadecuado manejo y extracción del recurso hídrico inicia desde la ciudad de México, lo cual tiene consecuencias hasta la comunidad "El Alberto" (Figura 36). La presa Endhó se ve afectada por los vertimientos de aguas residuales y asentamientos irregulares que no cuentan con alcantarillado (E4 y E5), provocando que el entorno humano presente un riesgo de moderado a muy alto, esto puede generar diferentes enfermedades gastrointestinales y exposición a xenobióticos a la población. Los escenarios E6 y E7, eutrofización de los cuerpos de agua y daños a las especies acuáticas , como es el caso de la pérdida de especies endémicas disminución del oxígeno disuelto en el agua, representa un riesgo de alto a muy alto para el entorno natural. Para E1, E2 y E3 el impacto de industrias y manufactureras que descargan al río repercuten en la calidad del agua, perjudicando a la población y las actividades económicas que realizan: agricultura, turismo y pesca de consumo y autoconsumo. Sin embargo, el desconocimiento desigual y la vulnerabilidad en la comunidad ante ciertas actividades, así como el elevado índice de marginación representa un riesgo muy amplio en el entorno socioeconómico que va desde bajo a alto. El conocer los diversos riesgos ambientales permite establecer estrategias de planteamiento en el manejo del recurso hídrico (Álvarez et al., 2016).

Capítulo 10

CONCLUSIONES

El río Tula y los ambientes acuáticos (manantiales) de la comunidad hñähñú "El Alberto" en Ixmiquilpan, Hidalgo, se encuentran fuertemente impactados por las descargas de aguas residuales provenientes de la Ciudad de México, municipios, industrias, agricultura y otros sectores. Esto se ve reflejado en los resultados obtenidos fisicoquímicamente para época de estiaje y lluvias de los manantiales, los cuales no muestran una variación estadísticamente representativa. El río Tula y la presa Endhó no tienen diferencias significativas en los parámetros analizados en ambos sitios, lo cual indica que el proceso de asimilación de contaminantes a lo largo del río no es suficiente, por lo que no hay un proceso de recuperación.

Los parámetros fisicoquímicos no cumplen con los límites permisibles establecidos para la protección de la vida acuática. Las bajas concentraciones de oxígeno disuelto, así como la gran cantidad de algas presentes en el agua son un factor limitante para la sobrevivencia de las especies acuáticas. La presencia predominante de especies exóticas invasoras es un indicador de la degradación y alteración de los ecosistemas. Es necesario establecer criterios de conservación para los sistemas dulceacuícolas con el objetivo de proteger a las especies endémicas de la región y preservar la gran diversidad de ictiofauna en el Estado de Hidalgo, como lo es el pez de la especie *Goodea gracilis* que se encuentra amenazada.

El FBC para zinc y mercurio obtenido de los peces (tilapia y carpa), indican que son sustancias que se están hiperacumulando, tanto en hígado como en músculo, esto afecta directamente la cadena trófica, organismos y la población que consume productos piscícolas del río. A pesar de que todavía están por debajo del índice de peligro, es necesario seguir monitoreando las concentraciones de metales pesados, para evitar procesos de biomagnificación en la población que puedan generar daños, ya que al menos un 27% de la comunidad "El Alberto" está expuesta. La presencia de parásitos son un riesgo para la comunidad (enfermedades gastrointestinales) y los organismos acuáticos (funciones ecológicas), porque pueden ser transmitidos a los humanos y regresar al medio acuático a través de las aguas residuales y parasitar nuevamente a las especies acuáticas. Es importante informar a la comunidad sobre el riesgo ambiental en relación al recurso hídrico y reducir la vulnerabilidad, debido a que al menos un 50% aún realiza actividades o tiene contacto con el río y un 60% desconoce qué es calidad del agua.

Capítulo 11

SUGERENCIAS Y RECOMENDACIONES

- Se necesita mejorar la parte legislativa de evaluación del riesgo ambiental (ERA) en México, ya que en comparativa con normas y leyes internacionales, no es precisa con los pasos a seguir para la caracterización y comunicación del riesgo, resultando insuficiente tanto en su procedimiento como en su aplicación, así como las NOM respecto a los límites permisibles de metales pesados, puesto que toleran valores más elevados que los internacionales, además de la necesaria vigilancia de su cumplimiento.

- Realizar monitoreos y evaluaciones continuas sobre la calidad del agua y las especies acuáticas, no sólo en la comunidad hñähñú "El Alberto", sino en toda la región del Estado de Hidalgo, ya que es uno de los estados que tiene mayor producción piscícola y riqueza en endemismos.

- Dar talleres informativos sobre el adecuado uso y manejo del recurso hídrico, así como de su tratamiento. A su vez explicar a la comunidad los diferentes riesgos hídricos y la necesidad de realizar campañas de salud sobre parásitos y exposición a metales pesados por ingesta.

- Regular las prácticas de autoconsumo y producción de especies piscícolas dentro de la comunidad, para evitar y reducir la exposición de la población a metales pesados, especialmente a mercurio y parasitosis. También es necesario controlar la introducción de especies invasoras como es el caso de *Oreochromis aureus, Tilapia zillii* y *Cyprinus carpio,* que presentan mayor resistencia e impacto sobre otras especies de peces endémicas, teniendo un efecto negativo sobre la riqueza y diversidad de los sistemas dulceacuícolas.

- Proteger, conservar, concientizar y entender los servicios ecosistémicos de los sistemas dulceacuícolas y de sus especies endémicas. Especialmente aquellas que se encuentran amenazadas y sujetas a protección, como lo son *Goodea gracilis* y *Poeciliia sphenops*.

Capítulo 12

BIBLIOGRAFÍA

1. AENOR. (2016). *AENOR. Network Spain*. Network Spain. Recuperado en agosto de 2017, de: http://www.aenor.es/aenor/inicio/home/home.asp

2. Agencia Mexicana de Información y Análisis. (11 de enero de 2016). Hidalgo, segundo lugar nacional en producción de peces. *QUADRATIN*.

3. Aguirre Muñoz, A., & Mendoza Alfaro, R. (2009). Especies exóticas invasoras:impactos sobre las poblaciones de flora y fauna, los procesos ecológicos y la economía. *Capítulo natural de México. Vol. II. Estado de conservación y tendencias de cambio*, 277-318.

4. Almeida-Leñero, L., Nava, M., Ramos, A., Espinosa, M., Ordoñez, M. d., & Jujnovsky, J. (2007). Servicios ecosistémicos en la cuenca del río Magdalena, Distrito Federal, México. *Gaceta Ecológica, núm 84-85*, 53-64.

5. Álvarez, A., Rubiños Panta, J. E., Gavi Reyes, F., Alarcón Cabañero, J. J., Hernádez Acosta, E., Ramírez Ayala, C. M., . . . Salazar Sosa, E. (2016). Índice de calidad del agua en la cuenca del río Amajac, Hidalgo, México: Diagnóstico y Precicción. *Phyton (B. Aires) v.75 Vicente López* , 71-84.

6. Álvarez, J. (2006). Hidalgo. Población y Sociedad al siglo XXI. En P. Vargas, *La emigración internacional en el estado de Hidalgo* (págs. 243-264). Pachuca: Centro de Estudios de Población-Universidad Autónoma del Estado de Hidalgo.

7. Arango V., S. S. (2012). Biomarkers for the evaluation of human health risks. *Rev. Fac. Nac. Salud Pública Vol. 30 N.º 1* , 75-82.

8. Argüello, I. (11 de agosto de 2011). *Programa de Agua. Río Arronte*. Recuperado en mayo 2017, de: https://agua.org.mx/conagua-autoriza-sobreexplotacion-de-acuiferos/

9. ATSDR. (09 de septiembre de 2009). *Agencia para Sustancias Tóxicas para Comunidades*. Recuperado en septiembre 2017, de: https://www.atsdr.cdc.gov/es/training/toxicology_curriculum/modules/2/es_lecturenotes.html

10. Ávila García, P. (2008). Vulnerabilidad socioambiental, seguridad hídrica y escenarios de crisis por el agua en México. *Revista de Ciencias. Número 90, abril-junio*, 46-57.

11. Baird, C. (2001). *Química ambiental*. New York, USA: Reverté S.A.

12. Becerril Bravo, J. E. (2009). Contaminantes Emergentes en el agua. *Revista Digital Universitaria. Volumen 10 Número 8*, 1-7.

13. BID. (2013). *Tratamiento de aguas residuales en México*. México.

14. Butterworth, F. (1995). *Biomonitors and biomarkers as indicators of Environmental Change: A handbook. Volume 50*. Nueva York: Environmental Science Research, Series Editor.

15. Cabrera Cruz, R. B., Gordillo Martínez, A. J., & Cerón Beltrán, Á. (2003). Inventario de contaminación emitida a suelo, agua y aire en catorce municipios del Estado de Hidalgo, México. *Revista Internacional de Contaminación Ambiental* , 19.

16. Camacho, C. (16 de febrero de 2007). Mortandad de peces en Tula por presunta fuga de diesel. *La Jornada*.

17. Camacho, C. (27 de febrero de 2008). Detectan en la presa Endhó cianuros y metales pesados. *La Jornada*.

18. Cámara de Diputados del H. Congreso de la Unión. (28 de enero de 1988). Ley General del Equilibrio Ecológico y Protección al Ambiente. *Ley General del Equilibrio Ecológico y Protección al Ambiente*. Ciudad de México, México.

19. Capó Martí, M. A. (2007). *Principios de la Ecotoxicología, diagnóstico, tratamiento, gestión del medio ambiente*. Madrid: Tébar.

20. Chang, J. (2007). *Calidad de agua. Trabajo de investigación de oxígeno disuelto. .* Guayaquil: Escuela Superior Politécnica del Litoral.

21. Comisión Europea. (8 de marzo de 2001). *Reglamento(CE) No 466/2001, por el que se fija el contenido máximo de determinados contaminantes en los productos alimenticios*. Recuperado en marzo 2017, de: http://www.craega.es/images/cambios/R%20(CE)%20N%C2%BA%20466-2001%20.pdf

22. Commission European. (2003). *Technical Guidance Document on Risk Assessment*. Recuperado en octubre de 2017, de: https://echa.europa.eu/documents/10162/16960216/tgdpart2_2ed_en.pdf

23. CONAGUA. (2010). *Estadísticas del Agua en México, edición 2010*. México: SEMARNAT.

24. CONAGUA. (2013). *Estadísticas del agua en México*. México.

25. CONAGUA. (2014). *Estadísticas del agua en México*. México.

26. CONAGUA. (2016). *Ley Federal de Derechos. Disposiciones Aplicables en Materia de Aguas Nacionales*. Recuperado en noviembre de 2016, de: https://www.gob.mx/cms/uploads/attachment/file/105138/Ley_Federal_de_Derechos.pdf

27. CONAPO. (14 de septiembre de 2010). *Índice de marginación por localidad 2010 [en línea]. Consejo Nacional de Población*. Recuperado en septiembre 2017, de: http://www.conapo.gob.mx/work/models/CONAPO/indices_margina/2010/documentoprincipal/Capitulo01.pdf

28. Contreras-Balderas, S., Almada-Villela, P., Lozano-Vilano, M. d., & García Ramírez, M. E. (2003). Freshwater fish at risk or extinct in Mexico. *Fish Biology and Fisheries*, 241-251.

29. Contreras-Balderas, S., Mendoza Alfaro, R., & Ramírez Martínez, C. (2008). Freshwater fishes and water status in Mexico; a country-wide appraisal. *Aquatic Ecosystem Health y Management*, 246-256.

30. Contreras-MacBeath, T., Gaspar-Dilanes, M. T., Huidobro-Campos, L., & Mejía-Mojica, H. (2014). Peces invasores en el centro de México. *Estado actual de las invasiones de vertebrados*, 413-424.

31. Cordero, J., Guevara, M., Morales, E., & Lodeiros, C. (2005). Efectos dde metales pesados en el crecimeitno de la microalga tropical. *Revista de Biología Tropical*, 325-330.

32. Damiá, B., & Peter-Diedrich, H. (2009). *Biosensors for the Environmental Monitoring of Acuatic Systems*. Nueva York, USA: Springer.

33. Darnell M., R., & Abramoff, P. (2005). Artificial key to Mexican Poecilidae. *Copeia, Vol. 1968, No. 2*, 354-361.

34. De Alba, R. (2009). Aguas residuales. el oro negro del Valle del Mezquital. *Crónica Ambiental*, 24-26.

35. Del Arenal, R. (1985). Estudio hidrogeoquímico de la porción centro-oriental del valle del mezquital, Hidalgo. *Univ. Nal. Autón. México, Inst. Geología. Revista, vol.6, núm 1*, 86-97.

36. Deloya, A. (2012). Tratamiento ddel cianuro por biorremediación. *Tecnología en Marcha. Vol, 25, Núm. 2*, 61-72.

37. Durán Medina, V., & Hervé Espejo, D. (2003). Riesgo ambiental y principio precautorio: Breve análisis y proyecciones a partir de dos casos de estudio. *Revista de derecho ambiental. N°1*, 243-250.

38. EC. (2004). *Biological Test Method:Tests for toxicity of Contaminated Soil to earthworms.* Environmental Technology Center, Ottawa, Canadá: Environmental Protection Series.

39. EPA (United States Environmental Protection Agency). (9 de enero de 2017). *Integrated Risk Information System.* Recuperado en septiembre de 2017, de: https://www.epa.gov/iris

40. Espino, G. d., Hernández Pulido, S., & Carbajal Pérez, J. L. (2000). *Organismos indicadores de la calidad del agua y de la contaminación (bioindicadores).* México.

41. Flores Amador, C., Zizumbo Villarreal, L., & Cruz Jiménez, G. (2015). Organización comunitaria y turismo en dos comunidades del estado de Hidalgo, México. *Teoría y Praxis*, 71-101.

42. Gallegos, E., Warren, A., Robles, E., Campoy, E., Calderon, A., Sainz, ,. G., . . . Escolero, O. (1999). The Effects of wastewater irrigation on gorundwater quality in Mexico. *Water Science and Technology*, 45-52.

43. García Lozada, H. M. (2006). *Evaluación del riesgo por emisiones dde partículas en fuentes estacionarias dde combbustión. Estudio de caso: Bogotá.* Bogotá: Universidad Nacional de Colombia. Sede Bogotá. Facultad de Ingeniería.

44. Geyer, H., Scheunert, I., & Korte, F. (1986). Bioconcentration potential of organic environmental. Regul. Toxicol. Pharmacol. En H. Geyer, I. Scheunert, & F. Korte, *Bioconcentration potential of organic environmental.Regul. Toxicol. Pharmacol.* (págs. 313-347).

45. Gibson, R., Durán-Álvarez, J. C., León Estrada, K., Chávez, A., & Jiménez Cisneros, B. (2010). Accumulation and leaching potential of some pharmaceuticals and potential endocrine disruptors in soils irrifated with wastewater in the Tula Valley, Mexico. *Chemosphere*, 1437-1445.

46. Global Water Partnership. (2005). *Servicios ecosistémicos y seguridad hídrica.*

47. Gobierno del Distrito Federal. (26 de marzo de 2004). *Reglamento de Impacto Ambiental y Riesgo.* Recuperado el 29 de noviembre de 2016, de: http://cgservicios.df.gob.mx/prontuario/vigente/r48301.htm

48. González Rodríguez, K. A., & Ramírez Pérez, A. (2012). Una panorámica de los peces de Hidalgo. *Herreriana. Revista de divulgación de la ciencia*, 23-26.

49. González, L. (1968). Tipos de Vegetación del Valle del Mezquital, Paleoecología 2. *Instituto Nacional de Antropología e Historia, México*, 53.

50. González, L. (2013). *Nitrógeno amoniacal, importanica de su determinación.*

51. Health, A. G. (2000). *Water Pollution and Fish Physiology.* Virginia, USA: CRC, Lewis Publishers.

52. Hernández Betancourt, S. F., Chumba Segura, L., Sélem Salas, C. I., & Chablé Santos, J. (2013). ¿ Qué ha reducido la diversidad de peces endémicos dulceacuícolas en México? *Bioagrociencia. Vol. 6. No. 1*, 6-12.

53. Hernández Silva, G., Flores-Delgadillo, L., Maples-Vermeersch, M., Solorio-Munguía, J., & Alcalá-Martínez, J. (1994). Riesgo de acumulación de Cd, Pb, Cr y Co en tres series de suelos del DR03, Estado de Hidalgo, México. *Revista Mexicana de Ciencias Geológicas, volumen 11, número 1*, 53-61.

54. Hill, A. J., Teraoka, H., Heideman, W., & Peterson, R. E. (2005). Zebrafish as a Model Vertebrate for Investigating Chemical Toxicity. *Toxicological Sciences*, 6-19.

55. Hrudey, S. E., Chen, W., & Rousseaux, C. G. (2000). *Bioavailability in environmental risk assessment.* U.S.A: CRC Lewis publishers.

56. Hubbs, C., & Turner, C. (1939). Studies of the Fishes of the order Cyprinodontes.XVI. A revision of the Goodeidae. *Miscellanous Publications (University of Michigan . Museum of Zoology)*, 1-80. Recuperado en septiembre 2017, de: http://www.goodeidworkinggroup.com/goodea-gracilis

57. Hudson, P. F. (2002). Event sequence and sediment exhaustion in the lower Panuco Basin, Mexico. *Catena*, 57-76.

58. Ibarrarán, M. E., Mendoza, A., Pastrana, C., & Manzanilla, E. J. (2017). Determinantes socioeconómicos de la calidad del agua superficial en México. *Región y Sociedad. No.69*, 89-125.

59. INEGI. (1994). *Ixmiquilpan Estado de Hidalgo, Cuaderno Estadístico Municipal.* México: H. Ayuntamiento Constitucional de Ixmiquilpan.

60. INEGI. (2009). *Panorama censal de los organismos operadores de agua en México.* México.

61. Invasive Species Specialist Group. (2015). *Global Invasive Species Database.* Recuperado en septiembre 2017, de: http://www.iucngisd.org/gisd/species.php?sc=1364

62. ISO. (2004). *Sistemas de gestión ambiental - Requisitos con orientación para su uso.* Recuperado en octubre 2017 de: http://evlt.uma.es/documentos/medioambiental/legislacion/ISO_14001_2004.pdf

63. ISO. (2007). *International Organization of Standardization.* Recuperado el 2016 de diciembre de 2016. Recuperado en octubre 2017, de: https://www.iso.org/obp/ui#iso:std:iso:24510:ed-1:v1:es

64. ISO. (s.f.). *International Organization of Standardization.* Recuperado el 1 de diciembre de 2016, de: https://www.iso.org/obp/ui#iso:std:iso:24510:ed-1:v1:es

65. Jiménez Cisneros, B. E. (2001). *La contaminación ambiental en México:causas,efectos y tecnología apropiada.* México: Limusa.

66. Jimenez Cisneros, B. E., Siebe Grabach, C., & Cifuentes García, E. (2004). El reúso intencional y no intencional del agua en el Valle de Tula. En A. M. (AMC), *El agua en México vista desde la academia* (págs. 33-36). México: Academia Mexicana de Ciencias.

67. Jiménez, B., Barrios, J., Chávez, A., & Barrios, J. (2000). Estudio de factibilidad del Saneamiento del Valle de México. [Actualización]. *elaborado para la Comisión Nacional del Agua por el Instituto de Ingeniería, UNAM, Proyecto 0332*, 78.

68. Jiménez, B., Cruickshank, C., Capella, S., Chávez, A., Palma, A., Pérez, R., & García, V. (1999). *Estudio de la factibilidad de empleo del agua del acuífero del Valle del Mezquital*

para suministro del Valle de México. México: elaborado para la Comisión Nacional del Agua por el Instituto de Ingeniería, UNAM, Proyecto 8384, (diciembre), 1500 p.

69. Jones, R. N. (2001). An environmental risk assessment/management framework for climate change impact assessments. *Natural Hazards*, 197-230.

70. Jorgensen, S. E. (2010). *Ecotoxicology*. Oxford, USA: AP.

71. Karakolev, D. (1994). *"Bulgaria-Country of Mineral Springs, S" (in Bulgarian)*.

72. Kimmel, C. B., Ballard, W. W., Kimmel, S. R., Ullmann, B., & Schilling, T. F. (1995). Stage of Embryonic Development of the Zebrafish. *Developmental dynamics*, 253-310.

73. Korim, K. (1994). *The hydrogeothermal systems in Hungry*.

74. Kovrižnych, J., Sotníková, R., Zeljenková, D., Rollerová, E., Szabová, E., & Wimmerová, S. (2013). Acute toxicity of 31 different nanoparticles to zebrafish (Danio rerio) tested in adulthood and in early life stages – comparative study. *Interdisciplinary toxicology*, 63-73.

75. Laale, H. W. (1977). The biology and use of zebrafish, Brachydanio rerio in fisheries research. *J. Fish Biol.*, 121-173.

76. Legorreta, J. (2006). El agua y la Ciudad de México. De Tenochtitlán a la megalópilis del siglo XXI. En J. Legorreta, *El agua y la Ciudad de México. De Tenochtitlán a la megalópilis del siglo XXI* (págs. 40-50). México: Universidad Autónoma Metropolitana-Azcapotzalco.

77. Lesser-Carrillo, L., Lesser-Illades, J., Arellano-Islas, S., & González-Posadas, D. (2011). Balance hídrico y calidad del agua subterránea en el acuífero del Valle del Mezquital, México central. *Revista Mexicana de Ciencias Geológicas*, 323-336.

78. Lynch, J., & Poole, N. (1979). *Mircrobial ecology: A conceptual approach.* . New York: John Wiley & Sons.

79. MA Department of Public Health . (2016). Floraciones de Algas Nocivas en Cursos de Agua Dulce. *Bureau of environmental health*.

80. Maciolek, J. (2005). *Exotic fishes in Hawaii an other islands of Oceania*. The Johns Hopkins University Press, Baltimore, MD. 131-161 pp.

81. Mancera P., J., & Vidal V., L. (2016). Florecimiento de microalgas relacionado con mortandad masiva de peces en el complejo lagunar Ciénega Grande de Santa Marta, Caribe Colombiano. *Bol. Invest. Mar. Cost. vol.23 no.1 Santa Marta*, 103-118.

82. Mara, D., & Cairncross, S. (1989). Guidelines for the save use of wastewater and excreta in agriculture and aquaculture. *World Health Organization, Geneva*, 185.

83. Marín, E. L., Steinich, B., Escolar, O., Leal, M. R., Silva, B., & Gutierrez, S. (1998). Inorganic Water Quality Monitoring Using Specific Conductance in Mexico. *Groundwater monitoring y Remediation*, 156-162.

84. Mendoza Cariño, M., Quevedo Nolasco, A., Bravo Vinaja, Á., Flores Magdaleno, H., De la Isla de Bauer, M. L., Gavi Reyes, F., & Zamora Morales, B. P. (2014). Estado ecológico de ríos y vegetación ribereña en el contexto de la nueva Ley General de Aguas de México. *Revista Internacional de Contaminación Ambiental*, 429-436.

85. Millennium Ecosystem Assessment. (2003). *Ecosystem and human well-being. Capitulo 2: Ecosystem and ther services*. Whashington, D.C.: Editorial Board Chairs.

86. Ming-Ho, Y. (2005). *Environmental Toxicology: Biological and Health Effects of Pollutants*. U.S.A.: CRC Press.

87. Miranda, R., Galicia, D., Monks, S., & Pulido Flores, G. (2010). Goodea atripinnis(Cyprinodontiformes: Goodeidae) in the state of Hidalgo (Mexico) and some considerations about its taxonomic position. *Hidrobiológica*, 185-190.

88. Miranda, R., Galicia, D., Monks, S., & Pulido Flores, G. (2012). Diversity of freshwaterfishes in Reserva de la Biosfera Barranca de Metztitlán, Hidalgo, Mexico, and Recommendations for Conservation. *BioOne Research Evolved. The Southwestern Naturalist*, 285-291.

89. Montilla Jiménez, F., & Salinas Torres, D. (2015). *Fundamentos de química acuáticas.* España: Universidad de Alicante.

90. Moreno, L. (2002). *La depuración de aguas residuales urbanas de pequeñas poblaciones mediante infiltración directa en el terreno.* España: Instituto geologico y minera de España.

91. Muñoz, E. A. (21 de enero de 2014). Presa Endhó. *La Jornada*, pág. 2.

92. OMS. (2003). Documento de referencia para la elaboración de las Guías de la OMS para la calidad del agua potable. Ginebra (Suiza). Organización Mundial de la Salud (WHO/SDE/WSH/03.04/16).

93. OMS. (2017). *Water diseases.* Recuperado en septiembre de 2017, de: http://www.who.int/water_sanitation_health/diseases/es/

94. Ongley, L. K., Sherman, L., Armienta, A., Concilio, A., & Ferguson Salinas, C. (2006). Arsenic in the soils of Zimapán, México. *Environmental Pollution*, 793-799.

95. Ontiveros Capurata, R. E., Diakite Diakite, L., Álvarez Sánchez, M. E., & Coras Merino, P. M. (2013). Evaluación de aguas residuales de la Ciudad de México utilizadas para riego. *Tecnología y Ciencias del Agua.vol.IV, núm.4*, 127-140.

96. Ortega, M. (2014). Niveles de plomo y mercurio en muestras de carne de pescado importado y local. *Pediatría*, 51-54.

97. Ottoboni, M. (1991). *The Dose Makes the Poison.* New York: Van Nostrand Reinhold.

98. Peña, C. E., Dean, E. C., & Ayala-Fierro, F. (2001). *Toxicologia Ambiental: Evaluación de Riesgos y Restauración Ambiental.* Recuperado en octubre de 2017, de: https://superfund.arizona.edu/toxamb/

99. Pereyra Díaz, D., & Pérez Sesma, J. (2005). Hidrología de superficie y precipitaciones intensas 2005 en el Estado de Veracruz. *Inundaciones 2005 en el Estado de Veracruz*, 81-99.

100. Posada, M. I., & Arroyave, M. d. (2006). Efectos del mercurio sobre algunas plantas acuáticas tropicales. *Rev.EIA.Esc.Ing.Antioq no.6 Envigado*, 57-67.

101. Pritchard, P. (2006). *Environmental Risk Management.* U.S.A: Series Editor Ruth Hillary.

102. Procuraduría General del Consumidor (PROFECO). (2012). *PROFECO.* Recuperado el 30 de noviembre de 2016, de: https://www.gob.mx/profeco.

103. Programa Agua. (19 de marzo de 2010). *Fondo para la comunicación y la Educación Ambiental, A.C.* Recuperado en septiembre de 2017, de: https://agua.org.mx/presa-endho-registra-altos-niveles-de-contaminacion/

104. Randell Badillo, J. (2008). *Ordenamiento ecológico territorial regional en los municipios donde se ubica el Parque Nacional de Los Mármoles.* México: Gobierno del Estado de Hidalgo,Consejo Estatal de Ecología.

105.   Reed, B., & Jennings, M. (2011). *Guidance on the housing and care of Zebrafish, Danio rerior.* Research Animals Department Science Gruoup RSPCA.

106.   Rubio Franchini, I., López Hernádez, M., Ramos Espinosa, M. G., & Rico Martínez, R. (2016). Bioaccumulation of Metals Arsenic, Cadmium and Lead, in zooplankton and fishes from the Tula river watershed Mexico. *Water Air Soil Pollut*, 1-12.

107.   Secretaría de Salud. (1993). *NOM-027-SSA1-1993. Bienes y serivicios, productos de la pesca. Pescados frescos-refrigerados y congelados. Especificaciones sanitarias.* Recuperado en marzo de 2017, de: http://www.salud.gob.mx/unidades/cdi/nom/027ssa13.html

108.   Secretaría de Salud (1994). *NOM-127-SSA1-1994,Salud Ambiental, agua para uso y consumo humano-límites permisibles de calidad y tratamientos que debe someterse el agua para su potabilización.* Recuperado en noviembre de 2016, de: potabilización: http://www.salud.gob.mx/unidades/cdi/nom/127ssa14.html

109.   Sánchez Ramos, D. (2016). *Calidad del agua en ríos.* España: Escuela de Ingenieros de Caminos, Canales y Puertos de Ciudad Real.

110.   SARH. (1980). *Evaluación del Impacto Ambiental del Transporte y Uso de las Aguas Residuales del Área Metropolitana de Valle de México, en la Agricultura.* México.

111.   Schoeller, H. (1962). Les eaux souterraines. Masson, París.

112.   Secretaría de Economía. (17 de marzo de 2016). *Gobierno de México.* Recuperado el 1 de diciembre de 2016, de Gobierno de México: http://www.gob.mx/se/acciones-y-programas/competitividad-y-normatividad-normalizacion

113.   Secretaria de Medio Ambiente y Recursos Naturales (SEMARNAT) . (s.f.). *Guía para la representación del Estudio del Riesgo. Modalidad Análisis de Riesgo.* México.

114.   Selman, K., Wallace, R. A., & Sarka, A. (1993). Stages of Oocyte Development in the Zebrafish. *Journal of morphology*, 203-224.

115.   SEMARNAT. (1996). *NOM-001-SEMARNAT-1996, que establece los límites máximos permisibles de contaminantes en las descargasde aguas residuales en aguas y bienes nacionales.* Recuperado en noviembre de 2016, de: http://biblioteca.semarnat.gob.mx/janium/Documentos/Ciga/agenda/DOFsr/DO2470.pdf

116.   SEMARNAT. (2010). *NOM-059-SEMARNAT-2010, Protección ambiental-Especies nativas de México de flora y fauna silvestres-Categorías de riesgo y especificaciones para su inclusión, exclusión o cambio-Lista de especies en riesgo.* Recuperado en noviembre de 2016, de: http://www.profepa.gob.mx/innovaportal/file/435/1/NOM_059_SEMARNAT_2010.pdf

117.   SEMARNAT. (s.f.). *Guía para la presentación del estudio del riesgo. Modalidad análisis de riesgo.* México.

118.   SEMARNAT, INECC. (2003). *Introducción al análisis de riesgos ambientales.* México.

119.   Silbergeld, E. K. (1998). Capítulo 33. Toxicología. En *Enciclopedia de Salud y Seguridad en el Trabajo. Toxicología.* (págs. 33.2-33.76). España: Chantal Dufresne, BA.

120.   Simon, T. (2014). *Environmental Risk Assessment. A toxicological approach.* U.S.A: CRC Press.

121.   Steinman, P. (1915). Freshwater Biology.Part 1: The organisms of the fying water born carrier. Berlín.

122. Strecker, R., Seiler, T. B., Hollert, H., & Braunbeck, T. (2011). Oxygen requirements of zebrafish (Danio rerio) embryos in embryo toxicity test with environmental samples. *Comparative Biochemistry and Physiology, Part C*, 318-327.

123. Suárez Peláez, R. J., & Rivera Vidal, F. G. (2015). Evaluación de la calidad del agua del estero Cobina, sector la Playita del Guasmo ubicada en la Cooperativa San Felipo de la ciudad de Guayaquil febrero abril 2015.

124. Suter II, G. W., Efroymson, R. A., Sample, B. E., & Jones, D. S. (2000). *Ecological risk assessment for contaminated sites*. U.S.A: Lewis publishers.

125. Suter, G. W. (2007). *Ecological Risk Assessment*. E.U.A: CRC press.

126. The University of Arizona. (marzo de 2004). *Center for Toxicology*. Recuperado en septiembre 2017, de: http://toxamb.pharmacy.arizona.edu/c1-2-5.html

127. Torres-Orozco, R. E. (2011). Los peces de México: una riqueza amenazada. *Revista Digital Universitaria*, 1-15.

128. Toxicology, S. o. (16 de enero de 2015). NLM Environmental Health and Toxicology Information. USA.

129. U.S. Fish and Wildlife Service. (2011). Blue Tilapia (Oreochromis aureus). *Ecological Risk Screening Summary*, 1-26.

130. UNE. (2008). *UNE 150008:2008 Análisis y evaluación del riesgo ambiental*. Recuperado en octubre de 2017, de: https://www.aec.es/c/document_library/get_file?uuid=2f63a7e0-fa09-40f3-946a-adfdbb2e120d&groupId=10128

131. USEPA. (19 de enero de 2017). *National Air Toxics Assesment (NATA)*. Recuperado en marzo 2017, de: https://www.epa.gov/national-air-toxics-assessment

132. Weitzenfeld, H. E. (1989). Evaluación Rápida de Fuentes de Contaminación Ambiental (Aire, Agua y Suelo). *ECOSEDUE. Traducción de WHO Offset Publication No.62/1982. Metepec, Edo. de México*.

133. WHO, World Health Organization. (2005). *Guidelines for Drinking.water Quality*. U.S.A.

Capítulo 13

ANEXOS

Anexo A. Especies de peces encontrados en manantiales y río Tula

Especies de peces		
Sitio de muestreo	**Especie**	**Imagen**
Manantial a lado del río-1	*Goodea gracilis*	
Manantial a lado del río-1	*Poeciliopsis gracilis*	
Manantial a lado del río-1, río Tula	*Oreochromis aureus*	
Manantial Casa de Mario-2	*Gambusia affinis*	

Manantial Casa de Mario-2	*Poecilia sphenops*	
Manantial a lado del río-1	*Poecilia formosa*	
Manantial Casa de Mario-2, Manantial Obra de Toma-3	*Heterandria bimaculata*	
Manantial Casa de Mario-2, Manantial Obra de Toma-3	*Poecilia mexicana*	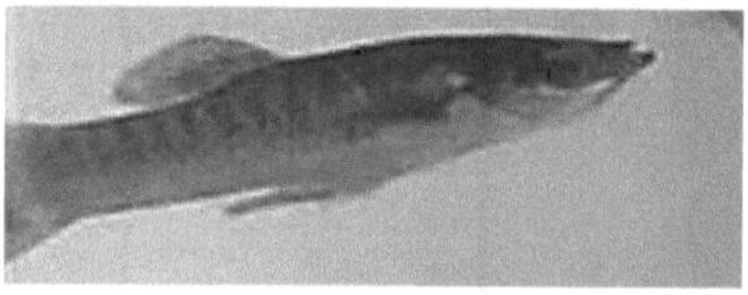
Manantial Casa de Mario-2 y río Tula	*Tilapia zillii*	
Río Tula	*Cyprinus carpio*	

Anexo B. Sitios de muestreo, manantiales y río Tula

Manantiales y río Tula	
Sitio de muestreo	**Imagen**
Manantial a lado del río-1	
Manantial Casa de Mario-2	
Manantial Obra de Toma-3	
Río Tula	

Anexo C. Formato de registro para la mortalidad en embriones de pez cebra

Hora de inicio:
Hora final:

Parámetros	pH	Salinidad	OD (mg/L)	Conductividad

Replica 1

Hora 24		Hora 48		Hora 72	
Concentración	Mortalidad	Concentración	Mortalidad	Concentración	Mortalidad
Control negativo		Control negativo		Control negativo	
100%		100%		100%	
50%		50%		50%	
25%		25%		25%	
5%		5%		5%	
0.5%		0.5%		0.5%	

Replica 2

Hora 24		Hora 48		Hora 72	
Concentración	Mortalidad	Concentración	Mortalidad	Concentración	Mortalidad
Control negativo		Control negativo		Control negativo	
100%		100%		100%	
50%		50%		50%	
25%		25%		25%	
5%		5%		5%	
0.5%		0.5%		0.5%	

Replica 3

Hora 24		Hora 48		Hora 72	
Concentración	Mortalidad	Concentración	Mortalidad	Concentración	Mortalidad
Control negativo		Control negativo		Control negativo	
100%		100%		100%	
50%		50%		50%	
25%		25%		25%	
5%		5%		5%	
0.5%		0.5%		0.5%	

Anexo D. Malformaciones y mortalidad en embriones de pez cebra debido a la exposición a distintas concentraciones de los sitios de estudio: *río Tula, Manantial a lado del río-1, Manantial casa de Mario-2 y Manantial Obra de Toma-3.*

Bioensayos con mezclas de agua del Río Tula

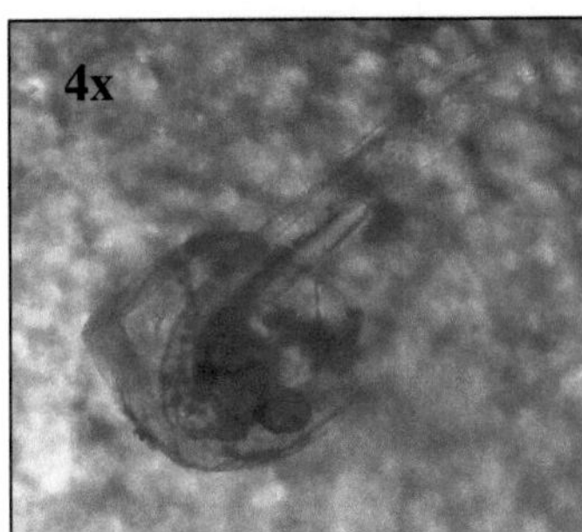

Concentración: 100 %
Tiempo de exposición: 72 h
Etapa embrionaria: Período de eclosión, 72 horas post-fertilización (hpf).
Malformaciones: Retraso en el desarrollo embrionario de 24 h, organismo en el estadio de gástrula pharyngula, vista lateral.

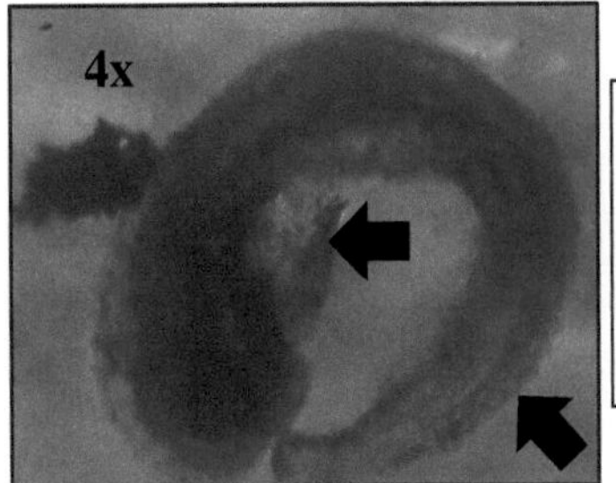

Concentración: 100 %
Tiempo de exposición: 48 h
Etapa embrionaria: Período de eclosión, 48 horas post-fertilización (hpf).
Malformación: Edema en el saco vitelino hacia ventral, escoliosis severa en forma de c, patrón anormal de pigmentación, vista frontal.

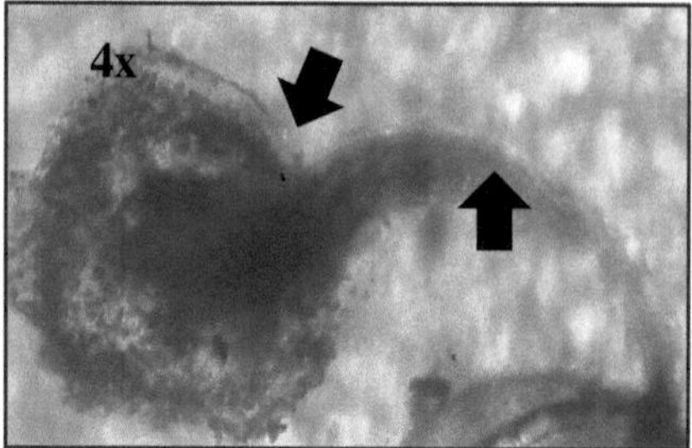

Concentración: 6.25 %
Tiempo de exposición: 72 h
Etapa embrionaria: Período de eclosión, 72 horas post-fertilización (hpf).
Malformación: Lordosis severa en la región caudal, edema y pérdida de la circunferencia del saco vitelino, retraso embrionario, vista lateral.

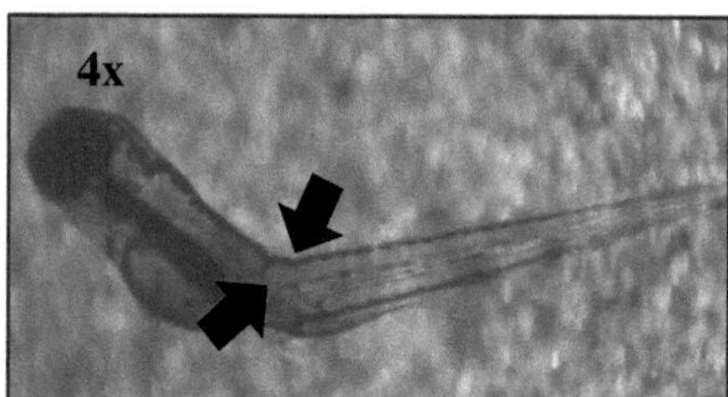

Concentración: 12.5 %
Tiempo de exposición: 72 h
Etapa embrionaria: Período de eclosión, 72 horas post-fertilización (hpf).
Malformación: Lordosis severa en la zona de la columna vertebral, vista lateral.

Bioensayos con mezclas de agua del Manantial a lado del río-1

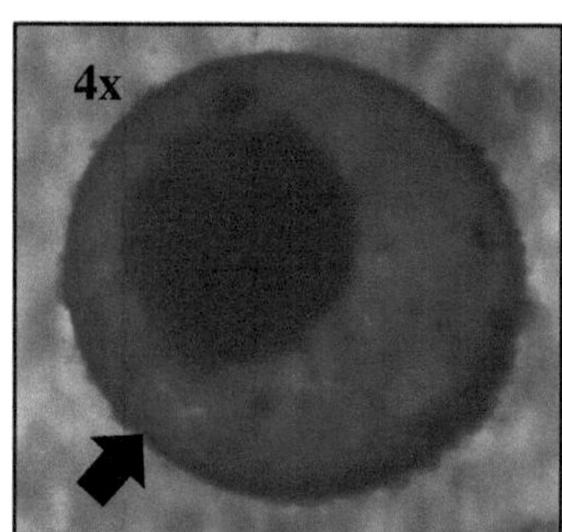

Concentración: 6.25 %
Tiempo de exposición: 24 h
Etapa embrionaria: Período de gastrulación, 24 horas post-fertilización (hpf).
Malformación: Huevo inviable, retraso en el desarrollo embrionario, edema en el saco vitelino, vista frontal.

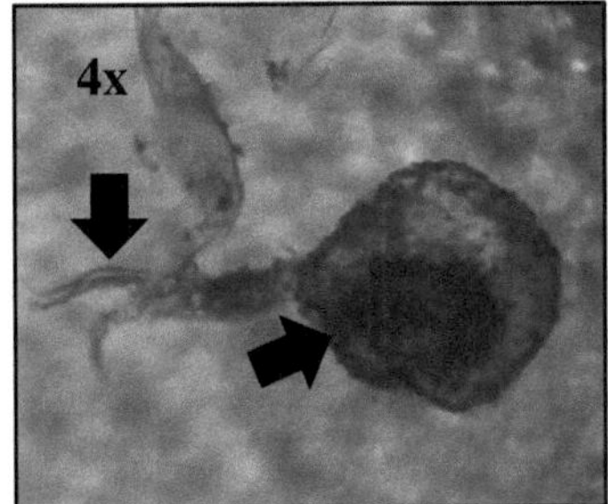

Concentración: 12.5 %
Tiempo de exposición: 48 h
Etapa embrionaria: Período de eclosión, 48 horas post-fertilización (hpf).
Malformación: Curvatura en la columna vertebral, aleta caudal sin formar, patrón anormal en la pigmentación, vista frontal.

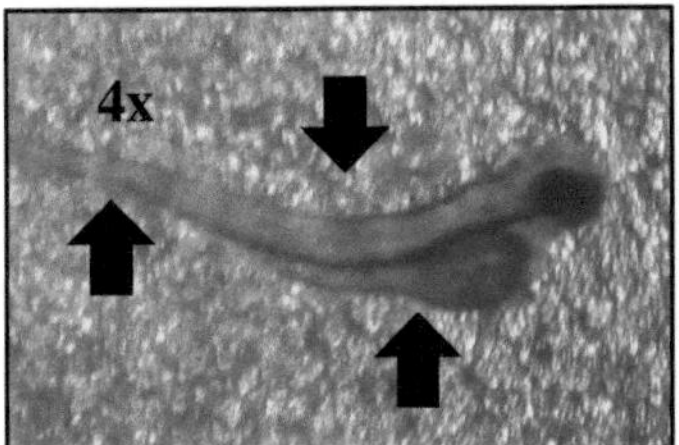

Concentración: 6.25 %
Tiempo de exposición: 72 h
Etapa embrionaria: Período de eclosión, 72 horas post-fertilización (hpf).
Malformación: Alargamiento del saco vitelino, lordosis leve, edema en el saco vitelino hacia frontal, vista lateral.

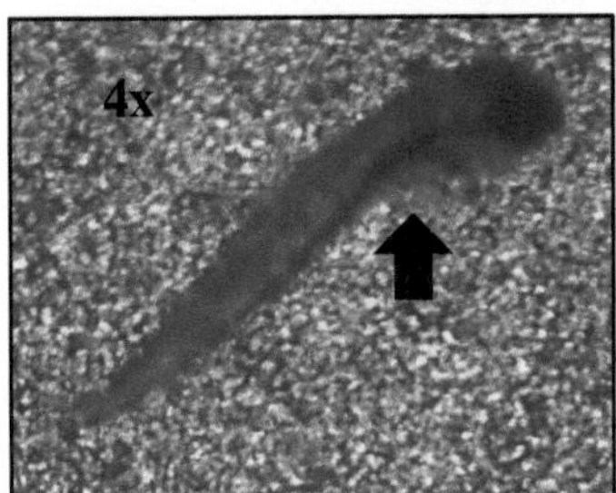

Concentración: 6.25 %
Tiempo de exposición: 72 h
Etapa embrionaria: Período de eclosión, 72 horas post-fertilización (hpf).
Malformación: Retraimiento y alargamiento del saco vitelino, escoliosis leve, ausencia de otolito, vista lateral.

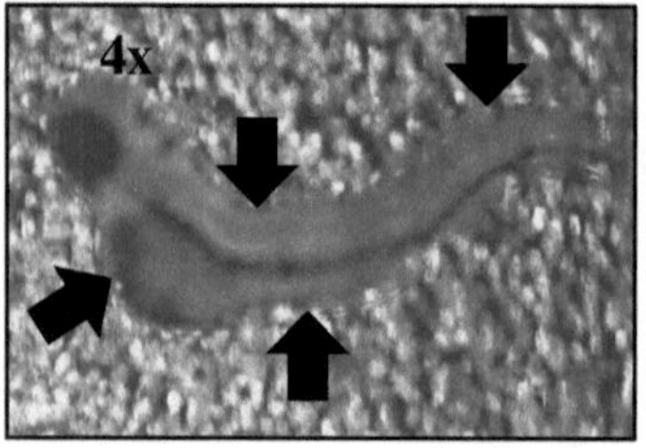

Concentración: 25 %
Tiempo de exposición: 72 h
Etapa embrionaria: Período de eclosión, 72 horas post-fertilización (hpf).
Malformación: Escoliosis severa, edema en el saco vitelino hacia frontal, vista lateral.

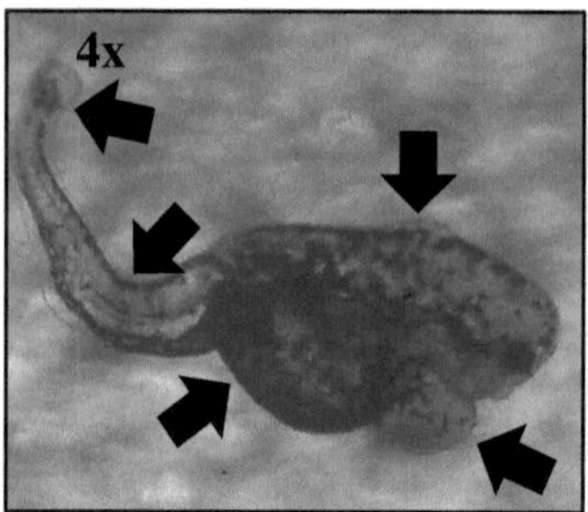

Concentración: 6.25 %
Tiempo de exposición: 96 h
Etapa embrionaria: Período de eclosión, 72 horas post-fertilización (hpf).
Malformación: Escoliosis severa, protuberancia cercana al otolito, deformación cefalea, aleta caudal con masa celular anexa, lado derecho, aumento del pericardio, edema en el saco vitelino hacia ventral, vista lateral.

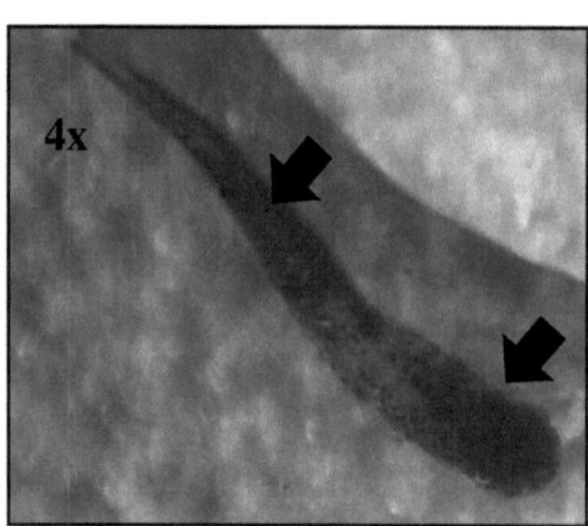

Concentración: 12.5 %
Tiempo de exposición: 96 h
Etapa embrionaria: Período de eclosión, 72 horas post-fertilización (hpf).
Malformación: Escoliosis leve, retraso en el desarrollo embrionario en la zona cefalea y ocular, vista frontal.

Bioensayos con mezclas de agua del Manantial casa de Mario-2

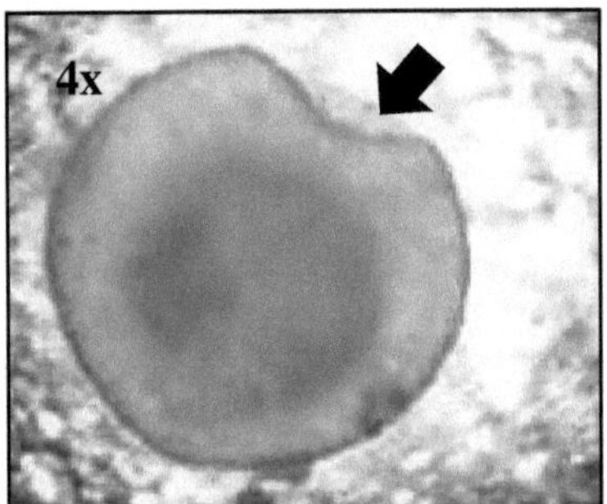

Concentración: 6.25 %
Tiempo de exposición: 24 h
Etapa embrionaria: Período de gastrulación, 24 horas post-fertilización.
Malformación: Huevo inviable, edema en el saco vitelino, vista frontal.

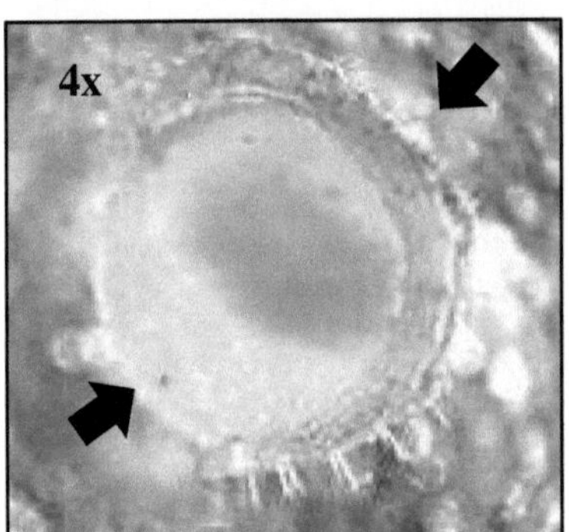

Concentración: 100 %
Tiempo de exposición: 24 h
Etapa embrionaria: Período de gastrulación, 24 horas post-fertilización.
Malformación: Huevo inviable, edema en el saco vitelino, vista frontal, adicionalmente presencia de poliqueto sobre el huevo.

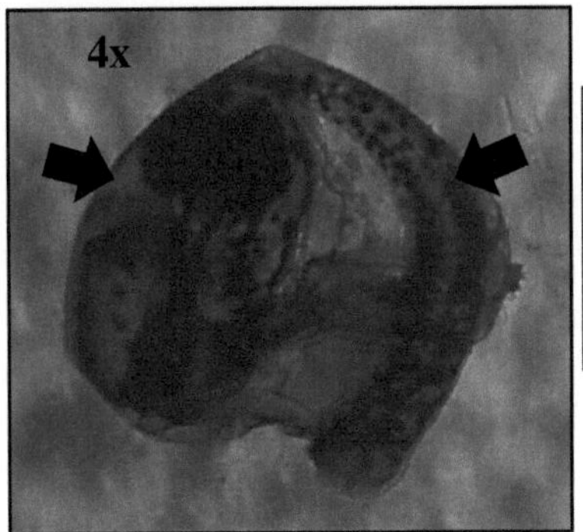

Concentración: 100 %
Tiempo de exposición: 48 h
Etapa embrionaria: Período de eclosión, 48 horas post-fertilización (hpf).
Malformación: Escoliosis severa, aumento del epicardio y edema del saco vitelino hacia dorsal, vista frontal.

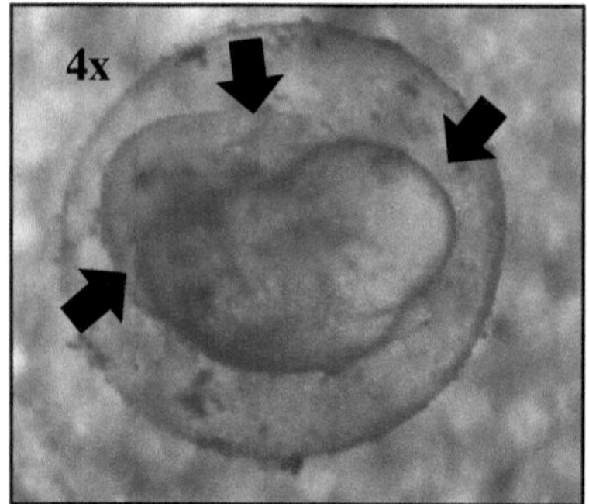

Concentración: 25 %
Tiempo de exposición: 24 h
Etapa embrionaria: Período de segmentación, 24 horas post- fertilización.
Malformación: Retraso en el desarrollo embrionario de 14 horas, amorfo, perdida de la forma del saco vitelino, posible masa celular anexa en la parte superior central, vista lateral.

Bioensayos con mezclas de agua del Manantial Obra de Toma-3

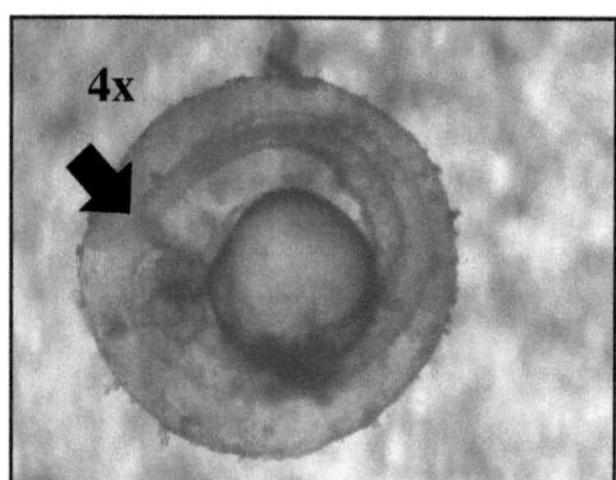

Concentración: 6.25 %
Tiempo de exposición: 72 h
Etapa embrionaria: Período de eclosión 72 horas post-fertilización (hpf).
Malformación: Retraso en el desarrollo embrionario de 24 horas, hipertrofia en la aleta caudal, pérdida de pigmentación ocular, pérdida de la circunferencia en el saco vitelino, vista lateral.

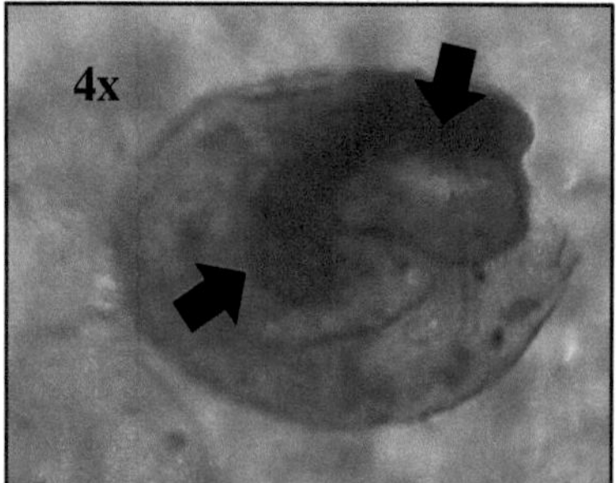

Concentración: 100 %
Tiempo de exposición: 48 h
Etapa embrionaria: Período pharyngula, 36 horas post-fertilización (hpf).
Malformación: Retraso en el desarrollo embrionario, edema en saco vitelino hacia dorsal, ausencia de ojos, la zona caudal no se encuentra separada del saco vitelino, vista lateral.

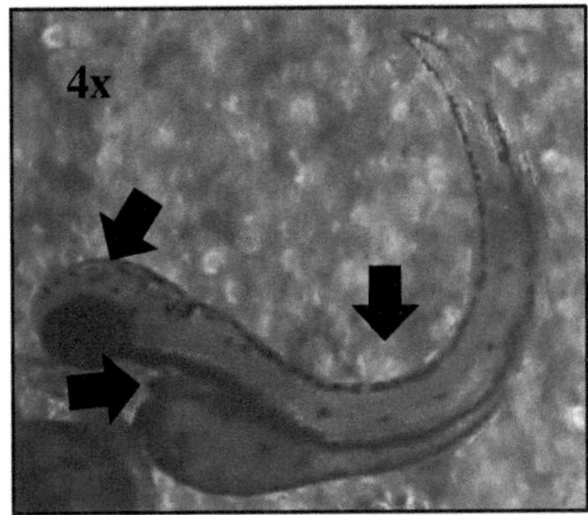

Concentración: 25 %
Tiempo de exposición: 72 h
Etapa embrionaria: Período de eclosión, 72 horas post-fertilización (hpf).
Malformación: Lordosis severa, alargamiento del saco vitelino, inflamación cefalea, vista lateral.

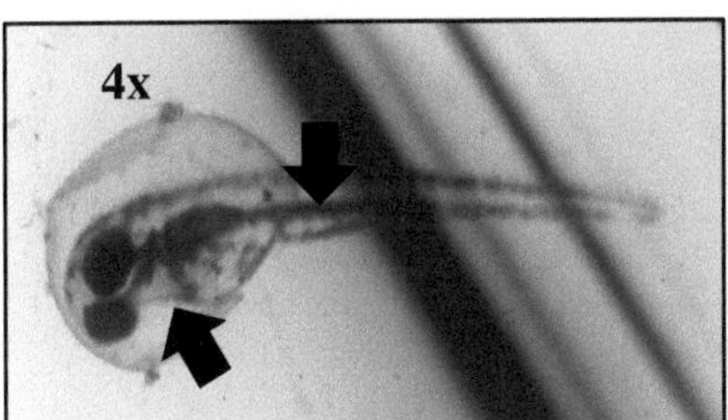

Concentración: 100 %
Tiempo de exposición: 72 h
Etapa embrionaria: Período de eclosión, 72 horas post-fertilización (hpf).
Malformación: Alargamiento del saco vitelino, edema en el epicardio, vista ventral.

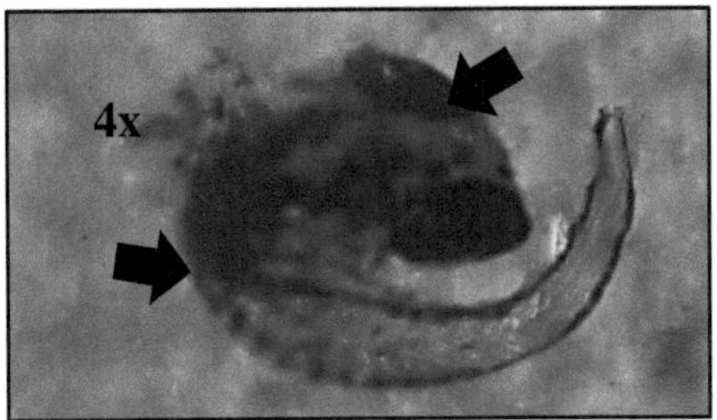

Concentración: 50 %
Tiempo de exposición: 72 h
Etapa embrionaria: Período de eclosión, 72 horas post-fertilización (hpf).
Malformación: Escoliosis severa en forma de c, deformación cefalea y ocular, vista frontal.

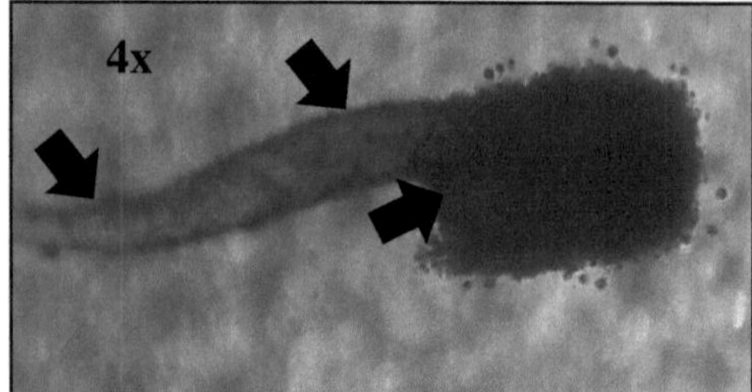

Concentración: 6.25 %
Tiempo de exposición: 96 h
Etapa embrionaria: Período de eclosión, 72 horas post-fertilización (hpf).
Malformación: Escoliosis leve en la columna vertebral, ensanchamiento en la región de la aleta caudal, retraso en el desarrollo embrionario de 24 h, huevo sin eclosionar.

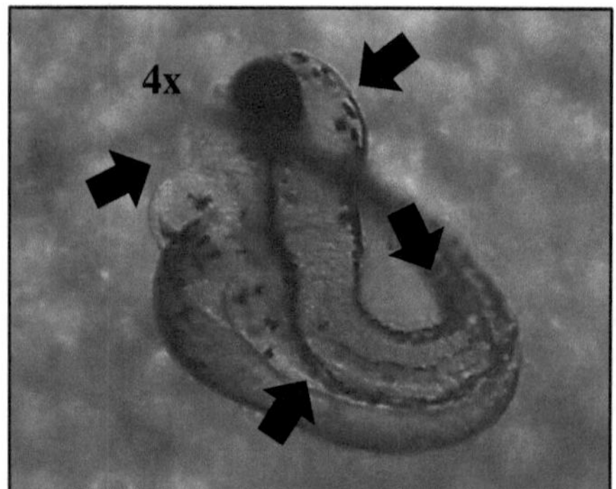

Concentración: 25 %
Tiempo de exposición: 96 h
Etapa embrionaria: Período de eclosión, 72 horas post-fertilización (hpf).
Malformación: Lordosis severa, alargamiento del saco vitelino, aumento de tamaño y edema en el epicardio hacia posterior, protuberancia cefalea.

Anexo E. Encuesta para la evaluación de la exposición

Encuesta para evaluar el riesgo ambiental en la comunidad Hñähñú "El Alberto".

Datos de la encuesta
Sectores de la población: pescadores, personas que consumen peces y personas que aún realizan alguna actividad dentro del río.
Fecha de aplicación: 23 de septiembre de 2016
Aplicador: Victoria Andrea ortega Morgado.
Población: 834 (INEGI, 2010)
Muestra: 87 personas

Datos del entrevistado
Sexo: H ☐ **M** ☐
Edad: _______________
Ocupación: _____________

Preguntas

1. ¿Con qué frecuencia consume peces obtenidos del río Tula?
   a) Una vez por ☐ b) Más de 2 ó 3 veces por ☐   c) Una vez por ☐   d) Nunca o casi nunca ☐
   semana   semana   mes

2. ¿Alguna vez se ha enfermando por consumir peces del río Tula?
   a) Si ☐   **b) No** ☐   **c) No sé** ☐

3. ¿Cree que consumir peces del río Tula es saludable?
   a) Si ☐   **b) No** ☐   **c) No sé** ☐

4. ¿Cree que consumir peces del río representa algún riesgo para su salud?
   a) Si ☐   **b) No** ☐   **c) No sé** ☐

5. ¿Aún realiza alguna actividad cotidiana dentro del río?
   a) Si ☐   **b) No** ☐   **c) No sé** ☐

6. ¿Alguna vez se ha enfermado por estar en contacto o cerca del río?
   a) Si ☐   **b) No** ☐   **c) No sé** ☐

7. ¿Cree que el río representa algún riesgo para su salud?
   a) Si ☐   **b) No** ☐   **c) No sé** ☐

8. ¿Sabe que es calidad del agua?
   a) Si ☐   **b) No** ☐   **c) No sé** ☐

9. ¿Sabe que tiene derecho a un medio ambiente sano, es decir a un ambiente no contaminado, como lo es el río Tula?

      a) Si☐   **b) No**☐   **c) No sé** ☐

10. ¿Ha observado cambios en las características del río, olor, color, vegetación o animales?

      a) Si☐   **b) No**☐   **c) No sé** ☐

11. ¿Han obtenido información de las autoridades o del gobierno sobre las diferentes actividades y/o usos que se pueden realizar en el río?

      a) Si☐   **b) No**☐   **c) No sé** ☐

Pregunta	Valor
1	Una vez por semana=0.5, Más de 2 ó 3 veces por semana=1, Una vez por mes= 0.25, Nunca o casi nunca=0
2	Si=1, No= 0, No sé=0.5
3	Si=1, No= 0, No sé= 0.5
4	Si=0, No= 1, No sé=0.5
5	Si=1, No= 0, No sé=0.5
6	Si=1, No= 0, No sé= 0.5
7	Si= 0, No=1, No sé=0.5
8	Si=0, No=1, No sé= 0.5
9	Si=0, No= 1, No sé= 0.5
10	Si=1, No=0, No sé= 0.5
11	Si=0, No=1, No sé= 0.5

Anexo F. Ocupación y empleo en la comunidad Hñähñú "El Alberto" Ixmiquilpan-Hidalgo

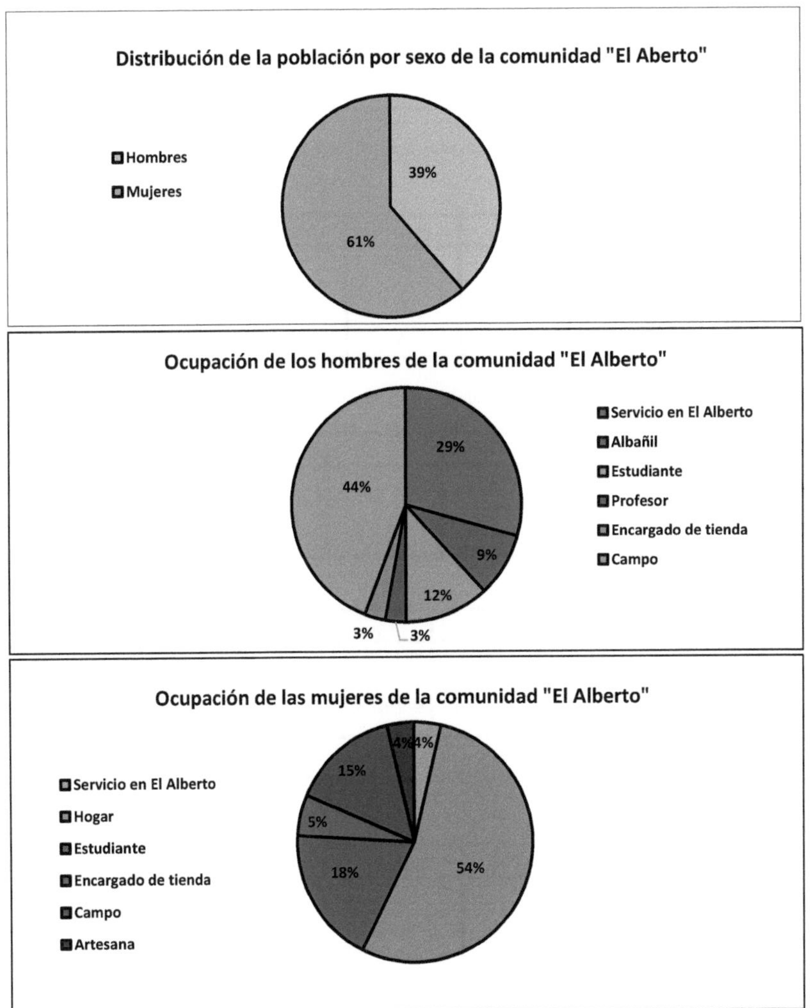

G. Evaluación de los diferentes escenarios

Escenario 1, Estado de Hidalgo-Ixmiquilpan.

	Fuente peligro	**Suceso**	**Causa**	**Consecuencia**
E1	Industrias y manufactureras	Vertimiento de aguas residuales generadas sin previo tratamiento	Origen antropogénico	Contaminación de sistemas acuáticos, anoxia, eutrofización y pérdida de especies acuáticas

Cálculos para estimación de la gravedad y consecuencias para el escenario 1, de los distintos entornos: natural humano y socioeconómico.

Probabilidad del suceso		5					
		Cantidad	**Peligrosidad**	**Extensión**	**Receptores**	**Gravedad**	**Valor**
Estimación de consecuencias	**Entorno natural**	3	2	4	4	15	4
	Entorno humano	3	2	4	4	15	4
	Entorno socioeconómico	3	1	2	4	11	3

Cálculo de la estimación del riesgo ambiental para el escenario 1, de los diferentes entornos: natural, humano, socioeconómico.

		Probabilidad	**Valor de consecuencias**		
Estimación del riesgo ambiental	**Entorno natural**	5	4	20	Alto
	Entorno humano	5	4	20	Alto
	Entorno socioeconómico	5	3	15	Medio

Escenario 2, Estado de Hidalgo-Ixmiquilpan.

	Fuente peligro	**Suceso**	**Causa**	**Consecuencia**
E2	Industrias y manufactureras	Inadecuado manejo de residuos sólidos y peligrosos	Origen antropogénico	Contaminación de sistemas acuáticos y exposición a metales pesados y otras sustancias toxicas

Cálculos para estimación de la gravedad y consecuencias para el escenario 2, de los distintos entornos: natural humano y socioeconómico.

Probabilidad del suceso		5					
		Cantidad	**Peligrosidad**	**Extensión**	**Receptores**	**Gravedad**	**Valor**
Estimación de consecuencias	**Entorno natural**	2	4	4	4	18	5
	Entorno humano	2	4	4	4	18	5
	Entorno socioeconómico	2	3	2	4	14	4

Cálculo de la estimación del riesgo ambiental para el escenario 2, de los diferentes entornos: natural, humano, socioeconómico.

		Probabilidad	Valor de consecuencias		
Estimación del riesgo ambiental	**Entorno natural**	5	5	25	Muy alto
	Entorno humano	5	5	25	Muy alto
	Entorno socioeconómico	5	4	20	Alto

Escenario 3, Estado de Hidalgo-Ixmiquilpan

	Fuente peligro	**Suceso**	**Causa**	**Consecuencia**
E3	Industrias y manufactureras	Emisiones a la atmósfera	Origen antropogénico	Contaminación del ciclo hidrológico y perturbación de los ambientes acuáticos

Cálculos para estimación de la gravedad y consecuencias para el escenario 3, de los distintos entornos: natural humano y socioeconómico.

Probabilidad del suceso	5						
		Cantidad	**Peligrosidad**	**Extensión**	**Receptores**	**Gravedad**	**Valor**
Estimación de consecuencias	**Entorno natural**	3	2	4	4	15	4
	Entorno humano	3	2	4	4	15	4
	Entorno socioeconómico	3	1	1	4	10	2

Cálculo de la estimación del riesgo ambiental para el escenario 3, de los diferentes entornos: natural, humano, socioeconómico

		Probabilidad	Valor de consecuencias		
Estimación del riesgo ambiental	**Entorno natural**	5	4	20	Alto
	Entorno humano	5	4	20	Alto
	Entorno socioeconómico	5	2	10	Moderado

Escenario 4, Estado de Hidalgo-Ixmiquilpan

	Fuente peligro	**Suceso**	**Causa**	**Consecuencia**
E4	Descargas municipales y provenientes de la ciudad	Vertimiento de aguas residuales de origen difuso sin previo tratamiento	Origen antropogénico	Aumento de nutrientes en los cuerpos de agua, eutrofización

Cálculos para estimación de la gravedad y consecuencias para el escenario 4, de los distintos entornos: natural humano y socioeconómico.

Probabilidad del suceso		5					
		Cantidad	Peligrosidad	Extensión	Receptores	Gravedad	Valor
Estimación de consecuencias	Entorno natural	4	2	4	4	16	4
	Entorno humano	4	1	4	4	14	3
	Entorno socioeconómico	4	1	1	4	11	3

Cálculo de la estimación del riesgo ambiental para el escenario 4, de los diferentes entornos: natural, humano, socioeconómico

		Probabilidad	Valor de consecuencias		
Estimación del riesgo ambiental	Entorno natural	5	4	20	Alto
	Entorno humano	5	3	15	Medio
	Entorno socioeconómico	5	3	15	Medio

Escenario 5, Estado de Hidalgo-Ixmiquilpan

	Fuente peligro	Suceso	Causa	Consecuencia
E5	Descargas municipales y provenientes de la ciudad	Asentamientos irregulares sin alcantarillado	Origen antropogénico	Enfermedades gastrointestinales y contaminación biológica, escasez de agua potable y pérdida de especies

Cálculos para estimación de la gravedad y consecuencias para el escenario 5, de los distintos entornos: natural humano y socioeconómico

Probabilidad del suceso		5					
		Cantidad	Peligrosidad	Extensión	Receptores	Gravedad	Valor
Estimación de consecuencias	Entorno natural	3	2	4	4	15	4
	Entorno humano	3	2	3	3	13	3
	Entorno socioeconómico	3	1	2	3	11	3

Cálculo de la estimación del riesgo ambiental para el escenario 5, de los diferentes entornos: natural, humano, socioeconómico.

		Probabilidad	Valor de consecuencias		
Estimación del riesgo ambiental	Entorno natural	5	4	20	Alto
	Entorno humano	5	3	15	Medio
	Entorno socioeconómico	5	3	15	Medio

Escenario 6, Estado de Hidalgo-Ixmiquilpan

	Fuente peligro	**Suceso**	**Causa**	**Consecuencia**
E6	Residuos de la agricultura y ganadería	Residuos de fertilizantes y pesticidas	Origen antropogénico	Eutrofización de cuerpos de agua, pérdida y daños de especies acuáticas, exposición para la comunidad

Cálculos para estimación de la gravedad y consecuencias para el escenario 6, de los distintos entornos: natural humano y socioeconómico

Probabilidad del suceso	5						
		Cantidad	**Peligrosidad**	**Extensión**	**Receptores**	**Gravedad**	**Valor**
Estimación de consecuencias	**Entorno natural**	2	4	3	4	17	4
	Entorno humano	2	4	3	2	15	4
	Entorno socioeconómico	2	2	1	3	10	2

Cálculo de la estimación del riesgo ambiental para el escenario 6, de los diferentes entornos: natural, humano, socioeconómico

		Probabilidad	**Valor de consecuencias**		
Estimación del riesgo ambiental	**Entorno natural**	5	4	20	Alto
	Entorno humano	5	4	20	Alto
	Entorno socioeconómico	5	2	10	Moderado

Escenario 7, Estado de Hidalgo-Ixmiquilpan

	Fuente peligro	**Suceso**	**Causa**	**Consecuencia**
E7	Residuos de la agricultura y ganadería	Residuos de antibióticos e hidrocarburos	Origen antropogénico	Contaminantes emergentes, daños a las especies acuáticas y contaminación de sistemas acuáticos

Cálculos para estimación de la gravedad y consecuencias para el escenario 7, de los distintos entornos: natural humano y socioeconómico

Probabilidad del suceso	5						
		Cantidad	**Peligrosidad**	**Extensión**	**Receptores**	**Gravedad**	**Valor**
Estimación de consecuencias	**Entorno natural**	2	4	4	4	18	5
	Entorno humano	2	2	3	3	12	3
	Entorno socioeconómico	2	1	1	3	8	1

Cálculo de la estimación del riesgo ambiental para el escenario 7, de los diferentes entornos: natural, humano, socioeconómico.

		Probabilidad	Valor de consecuencias		
Estimación del riesgo ambiental	**Entorno natural**	5	5	25	Muy alto
	Entorno humano	5	3	15	Medio
	Entorno socioeconómico	5	1	5	Bajo

Buy your books fast and straightforward online - at one of world's fastest growing online book stores! Environmentally sound due to Print-on-Demand technologies.

Buy your books online at
www.morebooks.shop

¡Compre sus libros rápido y directo en internet, en una de las librerías en línea con mayor crecimiento en el mundo! Producción que protege el medio ambiente a través de las tecnologías de impresión bajo demanda.

Compre sus libros online en
www.morebooks.shop

KS OmniScriptum Publishing
Brivibas gatve 197
LV-1039 Riga, Latvia
Telefax: +371 686 204 55

info@omniscriptum.com
www.omniscriptum.com

Printed by Books on Demand GmbH, Norderstedt / Germany